中国汉字中的数字文化

杨鸣园 编著

郑板桥《咏雪》
一片两片三四片,
五六七八九十片。
千片万片无数片,
飞入梅花总不见。

浙江工商大学出版社
ZHEJIANG GONGSHANG UNIVERSITY PRESS

图书在版编目（CIP）数据

中国汉字中的数字文化 / 杨鸣园编著. — 杭州：浙江工商大学出版社，2018.4（2018.10 重印）

ISBN 978-7-5178-2606-4

Ⅰ．①中… Ⅱ．①杨… Ⅲ．①数学 – 文化 – 普及读物 Ⅳ．① O1-49

中国版本图书馆 CIP 数据核字 (2018) 第 028519 号

中国汉字中的数字文化

杨鸣园　编著

责任编辑	唐　红　梁春晓
封面设计	林朦朦　胡　鑫
插　　画	胡　鑫
责任印制	包建辉
出版发行	浙江工商大学出版社
	（杭州市教工路 198 号　邮政编码 310012）
	（E-mail: zjgsupress@163.com）
	电话：0571-88904980，88831806（传真）
排　　版	庆春籍研室
印　　刷	虎彩印艺股份有限公司
开　　本	880mm×1230mm　1/32
印　　张	4.375
字　　数	84 千
版 印 次	2018 年 4 月第 1 版　2018 年 10 月第 2 次印刷
书　　号	ISBN 978-7-5178-2606-4
定　　价	29.00 元

前　言

在中国，人从离开娘胎，来到世间那一刻起，就有了生肖（农历生年），并和数字（生之年、月、日、时辰）产生了关联。

怎么会想到要编写这两本关于生肖、数字的书呢？可以说完全是偶然。父辈与我这一辈的兄弟都是三四个，每年清明前后，大家都要一起祭祀扫墓。以前工作时，均是兄弟各家前往，时间不一。自从清明节成了法定节假日后，就有了各家一齐前往，统一时间进行扫墓的机会，同时由我们兄弟按从大而小轮流主办。清明假期有三天，但因旧俗需要择日子，选定后再通知大家，所以我买了一本有择日内容的历书。2015 年的清明由我主办择日，我在翻阅历书时，偶见书中有关于十二生肖的传说，觉得颇为神奇，十分有趣，于是便想编写一本有关生肖文化的书。因为生肖人皆有之，人们对自己的生肖，有什么样的传说、什么样的神话故事、什么文化内涵等，总会产生兴趣的。而且要知道某某人的生肖（属相），也有办法。只要是公元后出生的，用出生年份数除以 12，将所得余数对照下表就能知道，整除的余数视为 0。

数字	0	1	2	3	4	5	6	7	8	9	10	11
生肖动物	猴	鸡	狗	猪	鼠	牛	虎	兔	龙	蛇	马	羊

我原是中学语文教师，教学中常会遇上带数字的一些简称，如二王、三曹、四书、五帝、六君子、七焚、八大家等。我比较喜欢将有些教学内容或课文知识点节缩成数字，这样用数字短语来表示，方便记忆。我还曾想把这些带数字的内容分类收集，期待有朝一日能编成书。所以退休后，我就自订报刊，在阅读中时时关注这方面的内容，并摘录下来。1999 年 2 月 16 日的《中国剪报》上有一篇子威的《神秘的数字文化》，我看了之后就把它摘录下来，但当时尚无编写《中国汉字中的数字文化》之念。2012 年 12 月，我出院回家后休养，有次在翻阅旧报时，忽然想起人之初，本无数字，后来出现了物物交换，需要计数，才逐渐产生了用屈指、柴梗、石子、刻石、结绳等来计数的方法。我想到数字越来越丰富的内蕴，勾起了把枯燥乏味的单个数字变成妙趣横生的数字，让人们了解每个数字的文化内涵并正确运用的想法。因此，我决定要编写《中国汉字中的数字文化》与《中国神秘的生肖文化》。

生肖与数字，源远流长，涉及字的源头、发展、传说故事、文学艺术、风俗习惯等方方面面，怎么写好呢？我考虑再三，定下框架，首先是标题。生肖，以"X 年说'X'趣"为题；数字，以"漫说数字'X'"为题。其次是开头与结尾。生肖，以联语开头，联语结尾，以承前启后。如"狗年说'狗'趣"一章，开头："金鸡飞走，黄狗跑来。今年戊戌年，狗年'狗'趣多，狗的文化含义很丰富。"结尾："犬过千秋留胜迹，肥猪万户示丰年。"数字，大多是直接从该数字的来源说起，也有以俗语开头，如"漫说数字'一'"一章，开头："俗话说：'砻糠搓绳起头难。'"因起头有"一"之意。还有以故事开头，如"漫说数字'九'"和"漫说数字'六'"两章。结尾，一般是总括性的，仅一两句话；也有警示性的，如"漫说数字'十'"："人生之路漫悠悠，十字路口当心走。选定方向迈大步，脚踏实地不滑头。"

生肖，也称属相，由鼠、牛、虎、兔、龙、蛇、马、羊、猴、鸡、狗、猪等十二种动物构成。《中国神秘的生肖文化》的内容包括：生肖对应的二十四个汉字的起源，生肖动物的驯养史、特性，属相的传说故事，相关的地名景点、风俗习惯，相关的文艺作品如诗词、对联、谜语、书画、邮票等，相关的谚语、成语、俗语、歇后语，相关的专有名词的来历，等等。所以《中国神秘的生肖文化》的开篇就是《关于十二生肖》，文章以问答式，谈了十个方面：十二生肖的起源，动物怎么来，何时出现，排序，外国生肖，猴年马月，对应月份，生肖传说，童年所见，生肖歌谣。

数字是用来记数的符号。中国的汉字数是世界三大数字之一。《中国汉字中的数字文化》共写十四个数字：○、一、二、三、四、五、六、七、八、九、十、百、千、万。内容包括每个数字的源头与来历，十个大写的数字，阿拉伯数字，由数字带出的相关的历史事件、地名景点、谚语、成语、歇后语，节缩成带数的史事、人物、专有名词，相关的含数字故事，数字中草药，对一些数字的喜忌，文学作品中的数字诗歌、对联、谜语，还有数字姓氏等。因此，在开篇《数字之趣》中，我介绍了数字的发展简史，介绍了三则数字故事，如汉朝司马相如与卓文君的爱情故事，相如为官五年，只给文君写过一封信，只十三个数字，欲弃文君。文君心知肚明，以这十三个数字回信，挽救了其爱情。又如海南儋县塾师周南屏，要求伍炳离作一首严格规整的嵌数七律《闺怨》，才肯解囊相助，结果伍写的诗让周南屏叫绝。若要计算，就用阿拉伯数字，出现了许多奇妙的东西。如"漫说数字'一'"一章讲到有 6 个算式：1+1 = 1，2+1 = 1，3+4 = 1，4+9 = 1，5+7 = 1，6+18 = 1。初看觉得不可思议，但给每个数字后加上适当单位名称，算式就成立了。那加什么单位呢？原来分别是加了里与公里，月与季，天与周（星期），点（时），月与年，小时与天这些单位。又如在"漫说数字'九'"一章中提到，1 至 9 九个数相加得 45，4+5 = 9。若用 9 乘以任何自然数，再将结果各位数相加，所得答案也是 9。（这些内容多来自《少年文摘报》）。

编写这两本书，困难重重。一是文学底子，二是资料收集，三是文字搜集，四是配图，五是成文。底子薄是因为我还算不上是合格的大专毕业生。我在 1958 年读大专，1960 年开始教书，正逢特殊时期，真正的学习时间很短。"文字"，一是说起文字的来源就离不开甲骨文、金文、篆体，可小女在打字时，电脑无法显示出来，只有放弃图形，而用文字来说明、描述；二是指电脑打字，我写好文稿后，请小女在工作之余输进我的电脑，我再修改。可我只会用拼音打字，又是近视眼，一会儿戴镜看屏幕，一会儿卸镜按键，速度似蜗牛爬行，十分麻烦，只好停下。至于配图，我想着图文并茂多好，可我自己不会作画，因此请了出版社代我联系画师，创作插画。

　　说到资料收集，幸好我有两个基础。一是好学，在我三十八年的教书生涯中，我自知基础不实，就经常买教学资料和图书，努力学习，边教边学，边学边教，总结积累，克服教学中遇到的困难。这些年来，无论是教高中、初中，还是教小学，都如此。我爱将课文内容用数字概括，简缩成几个问题，如《赤壁之战》中的十个"三"，所以积累了不少带数字的内容。二是退休前后买了许多书，如《说文解字》《中华成语大字典》《骐骥跃甲午》《中国经典神话寓言大全集》《中国戏曲曲艺词典》《十万个为什么》《对联·对联故事》《浙江民间常用草药》，正坤编的《谚语》《歇后语》，孙实明的《汉字原来这么有趣》，梁诗正的《趣说字词句大全集》，以及订阅了一些报刊，如《益寿文摘》《中国剪报》，我就在书报上寻觅积累资料。此外，我也会收看一些电视节目。如书中提及的闽桂一带少数民族建蛇王庙祭蛇神，夏秋举行"赛蛇神"活动，就是在电视节目《远方的家》之《北纬30°·中国行》中得到的信息。但因资料范围广，内容多，常常带来选择的困难。我就先把必要的内容摘录在草稿上，如传说、故事，内容较长的就修改、压缩后再用。谚语、歇后语就在原书上挑几条。许多生肖成语是动物"结亲"，如寅吃卯粮、猴年马月、虎头蛇尾等，有的就设专条说明。成语则多寡不一，多的以百计，少的只有几个，如关于"马"的成语有一百一十个，关于"一"的成语五百多个。我就先列条目，简注含义，或选择常见的，或予以归类，如"一"就归为十个类别再列举。与数字相关的中草药知识，也是先列条目，再分特性、作用、别名等来介绍。有些资料，当时可能未及时记录作者、出处和时间，所以时间一长，无法一一查证，若有引用不全或引用不当之处，敬请读者朋友指正，欢迎与我一起探讨。

"成文"是指把需要用的材料组织成篇。《中国神秘的生肖文化》诸篇即将写完时，我整理了往年的《中国剪报》，又发现 2009 年年初刊有李土生先生的《十二生肖的生命密码》，觉得内容很好，就在我的文中做了补充，在此向李土生先生深表感谢！《中国汉字中的数字文化》受子威先生影响较大，借此向先生深表感谢！

由于笔者写作水平不高，难免存在差错或说法不妥之处，敬请读者朋友指正。

杨鸣园

于 2018 年 3 月

目录

数字之趣 / 001

数字姓氏 / 013

漫说"零" / 017

漫说"一" / 025

漫说"二" / 033

漫说"三" / 041

漫说"四" / 051

漫说"五" / 059

漫说"六" / 067

漫说"七" / 075

漫说"八" / 081

漫说"九" / 091

漫说"十" / 099

漫说"百" / 107

漫说"千""万" / 117

数字之趣

　　数字是用来记数的符号。世界上有中国汉数字、阿拉伯数字、巴比伦楔形数字、埃及象形数字、希腊数字、玛雅数字、罗马数字等，其中中国汉数字、阿拉伯数字和罗马数字为世界三大数字。

　　中国汉字数字是一、二、三、四、五、六、七、八、九、十、○，大写是壹、贰、叁、肆、伍、陆、柒、捌、玖、拾、零。数字，也叫"数码"，是我国过去商业上通用的数字，即〡、〢、〣、〤、〥、〦、〧、〨、〩、○。阿拉伯数字是1，2，3，4，5，6，7，8，9，0，是世界各国通用的数字。它是印度人发明的，由于十个数码记数非常方便，因而被阿拉伯人所学，9世纪由阿拉伯传至欧洲，从此推广开来，后人把它称为"阿拉伯数字"。罗马数字只有Ⅰ，Ⅴ，Ⅹ，L，C，D，M七个，其数值依次是1，5，10，50，100，500，1000。记数法是：不同数字并列表相加，如Ⅲ＝3；不同数字并列而左边小于右边的表示右边减去左边的，如Ⅸ＝9；数字上加一横表示一千倍，如$\overline{X} = 10 \times 1000 = 10000$；上述三法结合起来可表示所有的数，如XIV＝14。

　　数字所占的位置叫作数位。数位有四个分级：个位、十位、百位、千位为第一级，叫个级；万位、十万位、百万位、千万位为第二级，称万级；亿位、十亿位、百亿位、千亿位为第三级，称亿级；数字单位在"亿"后，还有十五个。据元朝数学家朱世杰的《算学启蒙》有关"大数之类"记载："凡数之大者，天莫能盖，地莫能载，其数不能极，故谓之大数也。"这些数均以"万万"计，依次为兆、京、垓、秭、穰、沟、涧、正、载、极、恒河沙、阿僧祇、那由他、不可思议、无量数。在古代，"不可思议"是个数量单位，数量很大，相当于10的64次方。真叫人吃惊！

单独看这些数字，会感到枯燥乏味，但在某种情况下，你又会感到很有趣味，且又令人深思。请看一封纯数字的书信。

汉朝司马相如与卓文君的爱情故事——私奔结伉俪，恩爱有加可谓家喻户晓。后相如辞别娇妻，在长安做官，时过五年，才给文君寄去一封信："一二三四五六七八九十百千万。"全信仅十三个数字。文君见之，一眼就见其中奥妙：数无"亿"字，"无亿"谐音"无意"，原来司马相如有离异之心了。相如不写"亿"是别有用心的安排：一是难以向妻子启齿弃旧之念；二是让妻子明白其欲断夫妻之情；三是借此告诉妻子书信久滞的原因。手法甚妙，风格别具，古今稀见。文君接此家书，极其伤心，立即挥笔回书："一别之后，二地相悬。只说是三四月，又谁知五六年？七弦琴无心弹，八行书无可传。九连环从中折断，十里长亭望眼欲穿。百思想，千系念，万般无奈把郎怨。万语千言说不完，百无聊赖，十依栏杆。重九登高看孤雁，八月仲秋月圆人不圆。七月半，秉烛烧香问苍天，六月三伏天，人人摇扇我心寒。五月石榴似火，偏偏阵阵冷雨浇花端。四月枇杷未黄，我欲对镜心意乱。急匆匆，三月桃花随水转。飘零零，二月风筝线儿断。噫！郎呀郎，巴不得下一世你为女来我做男！"回书之妙，在于将来信的十三个数字，先顺后倒，依序嵌入，不仅抒发了真切动人的感情，而且其感情随夫信中数字递增，落墨少，机趣多。相如接信，越读越愧疚，越觉得对不起才华超群、对自己痴情的妻子，终于用驷马高车亲自回家迎文君到长安，和好终身。可见枯燥乏味的数字，一旦联系特定情意，进入文学语言，也就意趣盎然、风味无比。

再看几首数字诗。宋朝邵雍用纯自然数表示的《山村咏怀》："一去二三里，烟村四五家。亭台六七座，八九十枝花。"展现了清新素丽的旅游风光。清代郑板桥的《咏雪》："一片两片三四片，五六七八九十片。千片万片无数片，飞入梅花总不见。"写出了优美别致的梅雪风光。当代人写的《新农村》："一年割出两年谷，三家有余四家足。举目五六七里内，八九十幢高楼矗。"表现了改革开放农村巨变的崭新风貌。讽旧时重庆交通的打油诗："一去二三里，抛锚四五回。上下六七次，八九十人推。"汽车朽坏，行进如蜗牛爬，令人生厌。嘲讽清代贪官的《咏麻雀》："一个两个三四个，五六七八九十个。食尽皇家千钟粟，凤凰何少尔何多。"借麻雀嘲讽贪官污吏劣迹斑斑，一针见血。

还有要求严苛的嵌数诗。传说清末流落廪生（廪，粮食，即廪膳生员）伍炳离，求助海南儋县塾师周南屏。周要伍以《闺怨》为题写七律诗，一必嵌入十八个字：

一二三四五六七八九十百千万双两半丈尺；二须以"溪、西、鸡、齐、啼"五字为韵。伍炳离沉思片刻，终成七律："红楼百尺俯清溪，三十六桥月已西。二八羞窥双宿燕，万千恨触五更鸡。四周一顾愁弥远，两黛半锁画不齐。七弦抚罢肠九断，丈人峰外夜鸟啼。"柔弱少女满腔哀怨，以视觉、听觉感受外界事物，揭示内心抽象变幻情感，"怨"得细腻入微、淋漓尽致。周塾师听罢，大为赞许，解囊相助；众人听了，无不叫绝。

有位八路军伤员，在日寇大扫荡的1942年，写了一首"亭塔"式的嵌数诗，而诗面上无一个数字，读起来却数数嵌入。全诗十三行，怎么读呢？请你看清每行字数与倒写字的谐音，定会读出来。试一试吧。

龙

风风

巾巾巾

清清清

水水水水

会

仙仙仙仙仙仙仙仙

湖湖湖湖湖

海海海海

为朋友

走走走走走走走走走

江河

〲〲〲〲〲〲〲

有位叫李志秘的先生，出了一道"成语中的数字游戏"题目："一二一二三四五，六七七七八十九。若问答案何处寻，成语词典书中有。"请用上述题目前两句中的十四个数字，依次组成八个成语。读者朋友，动手试试吧！

对联也有纯数字的。如"二三四五；六七八九"。相传为吕蒙正作的一副隐字联，暗示缺一（衣）少十（食），连同寓意，正好十个数字，其构思独具匠心。又如，广东一农夫承包拖拉机勤劳致富，喜不自禁而作联"一六一六一一六；六一六一六六一"。以乐谱读之，成"多拉多拉多多拉；拉多拉多拉拉多"。此联既形象地说明拖拉机手的职业特征，又说明只有勤跑多拉才能致富。

众所周知，袁世凯是个窃国大盗。有人在他称帝后，撰联曰：一二三四五六七；孝悌忠信礼义廉。横批：五世其昌。联中隐去"八"与"耻"，又谐音"昌""娼"，以痛骂袁世凯是政治上的娼妓，是"无耻"的王八（忘八）。真是入木三分，痛快淋漓。

在国庆五十周年时，有这样两副对联：

一九九九如意岁；二〇〇〇太平年。

一二三四五，改革皆由一字起；六七八九十，开放均从六面来。

更有以阿拉伯数字与汉数字撰联的，如：

1234567；一二三四五六七。此联读为"独览梅花扫腊雪；细睨山势舞流溪"。

嵌十数对联很多。如，彭善民撰写的歌颂新中国的对联：

一穷二白三山去，四海五湖歌舜日；六纵七横八面兴，九州十亿乐明曲。

意指在中国共产党领导下，人民推翻了"三座大山"，一穷二白的旧中国今天欣欣向荣，经济建设蓬勃发展，人民当家做主，民主、自由，有了尧天舜日，有了灿烂光明。

再如一副知识量甚大、富含典故的感人婚联：

一阳初动，二姓克谐，庆三多，具四美，五世其昌征凤卜；

六礼既成，七贤毕集，秦八音，歌九如，十全无缺羡鸾和。

古人认为天地间有阴、阳二气，每年冬至这天阴气尽而阳气生，叫"一阳来复"。《礼记·昏义》曰："昏（昏即婚）礼者，将合二姓之好。""二姓克谐"指婚姻男女两家。"三多"批多福、多寿、多男子（自带旧观念：多子多福、重男轻女）。《滕王阁序》曰："四美具，二难并。""四美"指四种美好事物：良辰、美景、赏心、乐事。"五世其昌"意为后代将要昌盛，旧时常用作祝贺新婚之辞。"六礼"指古时婚姻的六道手续：纳采（送礼求婚）、问名（询问女子庚名）、纳吉（送礼订婚）、纳徵（送聘礼）、请期（告知迎娶吉日）、迎亲（迎接新娘行婚礼）。"七贤"指魏晋时期"竹林七贤"，即文学家嵇康叔夜、阮籍嗣宗、山涛巨源、向秀子期、阮成仲容、王戎濬冲、刘伶伯伦。"八音"是古代乐器的统称，即金、石、土、革、丝、木、匏、竹八类。"九如"出自《诗经·小雅·天保》中连用的九个"如"："如山如阜，如冈如陵，如川之方至，以莫不增。……如月之恒，如日之升，如南山之寿，不骞不崩，如松柏之茂，无不尔或承。”“十全”本指医术高明，所治必愈。全，愈也。《周礼·天官·医师》云：“岁终，则稽其医事，以制其事。十全为上，十失一次之。”

又如，含有数字、动物、地名的对联：

唐生起早，一线见天，二路乘车，三秦访汉，四平逛市，五指攀巅，六合迎春，七星舒眼，八公欢宴，九寨探峦，十渡百岗，千门万里；

老拙休闲，狮桥绘画，龙泉作对，马岭填词，鹿苑赋诗，象州读史，牛庄泼墨，羊磴放歌，雁石豪吟，鹰潭赏景，凤翔鹤壁，鸡泽鹅湖。

十三个数字，廿六个地名，上联数字，下联动物，异曲同工，实在精妙。请读者试试找出地名吧！

还有一种叫“十字令”的，是把十个数字，由小到大，分置每句开头，多描写人物形象，句短意丰，富于节奏，或褒或贬，鞭辟入里。如《廉官》：“一尘不染，两袖清风，三思后行，四方赞誉，五湖四海（或五官端正），六神镇定，七情安然，八路作风，九泉无愧，十分可贵。”《贪官》：“一权二用，两面三刀，三头六臂，四面楚歌，五斗折腰，六亲不认，七上八下，八面玲珑，九霄难逃，十恶不赦。”还有一首《贪官》十字令，是清朝梁章钜写的，全诗五十五个字，每句增一字，讽贪入骨。“一曰‘红’，二曰‘圆通’，三曰‘路路通’，四曰‘认识古董’，五曰‘不怕大亏空’，六曰‘围棋马钓中中’，七曰‘梨园子弟殷勤奉’，八曰‘衣服整齐言语从容’，九曰‘主恩宠德满口好称颂'，十曰'座上客常满杯中酒不空'。"

数与数搭配为一个词，也会生趣。如"一"，与"一"配成"一一"，表示逐个，逐条；与"二"配成"一二"，表示小部分；搭上"五""十"成"一五一十"，表示从头到尾无所遗漏；与"万"配成"一万"或"万一"，分别为数目，发生意外的可能性极小，但也要预防。如"二"，与"三、七、八"分别搭配，可成既表不专一、又指小部分的"二三"；既指对死者第二次祭奠，又指史事的"二七"；指十六岁年龄的"二八"。

"三"表示概略数目时泛指少。如："三寸不烂之舌"并非恰好三寸，而是形容短小；"三寸金莲"指女子脚短；"三尺之童"指小孩；"三言两语"表示话语不多。"三"与"五""七""九"数搭配时，如"三五"中"三"表示少，而"五"指多，因此"谗言之乱不过三五""三五天可回"等中的数字，都非实数，而是约数；"三三五五""三三两两"均指散乱状。"三七"中的"三""七"是实指，即第三个七日的祭奠，而"三里之城，七里之郭，环而攻之而不胜"（《孟子·公孙丑下》）中的"三"则表示城小，"七"表示郭大，"三里""七里"均非实指。"三分画，七分裱""三分人才七分打扮"（或"三分模样七分装"），及"三分诗人七分读"都是此种用法。"三七"，另外也是一种多年生中药材。"三九"指冬至后的第十九天至二十七天，是一年中最冷的时日。故《红梅赞》中有"三九严寒何所惧，一片丹心向阳开"之句。

"九"与"五"搭配后，"九五"专指《易经》中外爻名位。九，阳爻，五，第五爻。"九五，飞龙在天，利见大人。"（《易·乾》）孔颖达谓"犹若圣人有龙德，飞腾而居天位"，故以"九五"指帝位。"九"搭"九"，既是两个实数的相乘，"九九八十一"，也指两九相重的农历九月初九"重阳节"，更是农历夏、冬两季的两个"九九八十一天"。"夏九九""冬九九""九九艳阳天"中"九"皆实指。

数字歇后语常见的有三种形式，真可谓巧运用，趣自生。

数在前半的：一分钱的份子——礼少；二心夫妻——早晚散伙；三九天穿裙子——美丽而冻（动）人；四月麦子——半青半黄；五月苋菜——正红；六点钟的分时针——顶天立地；七窍通了六窍——一窍不通；八哥儿嘴巴——随人说话；九牛一毛——微不足道；十天九雨——少晴（情）；百灵鸟——嘴儿巧；千顷地一棵谷——独苗；万岁剃头——不要王法（发）。

数在后半的：劳动号子——一呼百应；油漆匠的家当——两把刷子；王府丫鬟——低三下四；菜园里的垄沟——四通八达；南京路上的霓虹灯——五光十色；包黑脸断案——六亲不认；老太婆闲扯——七嘴八舌；文天祥出使元营——九死一生；瓮中捉鳖——十拿九稳；黄忠射箭——百发百中；一根头发系磨盘——千钧一发；纺织厂下脚料——万缕千丝；贪官的秘诀——一紧二慢三罢休。

前后皆用数的：一壁打鼓，一壁磨旗——两头兼顾；二郎神的兵器——两面三刀；两虎相争——必有一伤；三钱胡椒粉——一撮儿；八人抬大轿——步调一致；十五个吊桶打水——七上八下；三个铜钱放两处——一是一，二是二；

一二五——丢三落四；三分面粉十分水——十分糊涂。

歇后语中有"歇后联"，更具讽世警人之妙。如抗战胜利后，河北一流亡者回到老家，看到满目疮痍的景象，形成一联："千古艰难唯一；八年扫荡已三。"上、下联分别隐去"死""光"两字，深刻揭露了日寇实行烧、杀、抢"三光"政策的血腥残暴。

用数字对话，十分风趣，实为猜谜语。有个叫张智的，向杀猪人李敏买猪上物，说："不要肥，不要瘦，不要骨头不要肉，不要肝肺长毛汕，十个半斤就足够。"李敏如数给他，张智问："给付几个铜板？""一二三，三二一，一二三四五六七，七加八，八加七，九个十个加十一。"李敏答道。张智掏钱，如数摆下铜板，两人笑而告别。张智买了啥？付了多少钱？请读者朋友猜猜看。

阿拉伯数字间的对话更有趣，请看：

6对9说："你整天拿大顶累不累？"9对6说："你整天大头朝下累不累呀？"

1对7说："兄弟，你啥时候被人把腰打断的？"7对1说："兄弟，你啥时候被人砍了脑袋？"

1对4说："兄弟，你这金鸡独立的功夫够可以的呀！"4对1说："兄弟，你减肥能减成这样子更了不起呀！"

0对9说："别以为装大尾巴狼就能吓唬人。"9对0说："别以为剪了尾巴你就是个人物了。"

1对0说："说你啥也不是，你还不承认。"0对1说："你要有出息咋一辈子打光棍呢？"

8对3说："大哥，你啥时候被人锯去一半了呢？"3对8说："老弟，我那半边身躯不是被你拿去了吗？"

数字的对话，形象而有趣！

总而言之，数字并不枯燥，并不乏味，只要它在恰当的环境之中，就会妙趣自生。

数字姓氏

伍子胥过昭关——一夜愁白了头。伍子胥，姓伍，名员，字子胥，其父伍奢，为吴王夫差的相国。歇后语指的是伍员在吴国将亡之际，避难逃亡之事。伍姓名人多，有生物学家伍献文，外交家伍廷芳、伍修权（中华人民共和国首任驻苏联大使）。五姓，传说黄帝臣子五配，是五姓之祖。《陈胜传》中有五逢，三国蜀汉后主时有谏议大夫五梁。

在中华民族的一万一千九百三十九个姓氏中，有二十个源头，其中数字姓氏是其中之一，从一至九、百、千、万和大写的壹至拾（除贰、叁、肆、玖外）、零都是姓氏。

《姓氏考略》说："'一'是'代北姓'，后魏一那娄氏之后。"唐代天文学家僧（和尚）一行，明代河北定州嵩明县丞一善、一炫宗。姓"壹"，如北魏壹斗眷、壹那娄；唐代回纥人壹利咥（xī）；明永乐兴化府经史壹震旦（一说昌）。清嘉庆年间，有名团勇姓二，名肖翁。姓"贰"，后魏一将军贰尘；楚小国贰、轸之后皆姓贰。姓"三"，元至正有西夏遗裔三旦八，为云南行省右丞；元瑞安州一颇有政绩的知州三宝柱；清有大臣三宝，为乾隆翻译进士。姓"四"，春秋时越王勾践有个大臣，叫四水；有复姓四饭。

虞舜时狱官长皋陶之后以国为氏，姓六；明方孝孺子孙避难改姓为六；复姓有普六如。姓"陆"更多，三国吴国大将陆逊，西汉大臣陆贾，隋唐经学家陆德明，南宋诗人陆游，南宋学者陆氏三兄弟陆九韶、陆九龄、陆九渊，现代《老山界》作者陆定一。姓"七"，明正德永春县训导七希贤、七文伦。姓"柒"，明弘治间宣化府举人柒文伦。姓"八"，古代西域有"八"姓，四川打冲河右所土千户姓八；元语言文字学家八思巴（造八思巴字）；明正统时礼部尚书八通。姓"捌"，明宣德时利港巡检捌忠。姓"九"，春秋时相马专家九方皋，伯乐说他相马看中内在精华，不求表面；唐高祖武德年间，翰林应召姓九，名嘉。姓"十"，宋代嘉兴年间进士十华，台北市有人姓十。姓"拾"，唐代苦行僧拾得。相传国清寺僧丰干山行，于赤城道旁拾得一小儿，携入国清寺为僧，拾得与寒山交好。姓"零"，明代有零混。

姓"百"，百儵（shū），黄帝之后，其子孙以"百"为姓；春秋许国大夫百里；汉代南阳有百政；明福建泉州学者百坚；重庆北碚区也有人姓百；复姓"百里"，秦穆公大夫百里奚（傒），有歇后语"百里奚认妻——位高不忘情""百里奚饲牛拜相——人不可貌相"，儿子百里孟明视是秦国名将。姓"千"，河南郑州上街区有人姓千，《渚宫旧事》说："氏王杨千万入蜀，故蜀有千姓。"《汉书·王吉传》有姓千名秋，姓千名献，还有复姓千乘；陕西户县秦渡镇骞王村，很多人姓骞，因嫌"骞"字难认难写，笔画又多，简化为"马"，就改"骞"为"千"了。姓"万"，陕西户县甘亭镇崔村，大部分人姓万，隋代音乐家万宝常；明代皇妃万贵妃；清经学家万斯大、史学家万斯同；近代资产阶级革命家万福华；现代无产阶级革命家万里。复姓万俟（音 mòqí），原为古代鲜卑族部落名，后为复姓，如北魏关陇人民起义领袖万俟丑奴；南宋初奸臣万俟卨（qì），是害死抗金将领岳飞的罪人之一，杭州西湖岳坟前跪着的"铁人"中的一个。江西兴国县还有人姓兆呢。

中华姓氏，除单姓（三千五百一十三个）、复姓（少则二字，多则九字，四千三百十一个）外，甚至一般用来表序数的"第 X"，也用来作姓氏。战国时，有五名壮士跟随荆轲行刺秦王，失败后，为了逃亡，隐姓埋名，分别改姓第一、第二、第三、第四、第五。如，唐玄宗一宦官姓第二名从直，后汉有第五元先、第五伦、第五访、第五种、第五颉等，后魏有第五文休，唐有第五琦、第五恭、第五峰，宋有第五充衡，元有第五居仁，明有第五规，王莽时讲学大夫姓第八名矫。因种种原因，延续下来最多的是"第五"，陕西泾阳县龙泉乡捻口五村，有二百九十户，六百五十人，其中百分之九十以上村民姓"第五"。

有资料记载，日本姓氏中也有许多用数字的，少则一字，多则六字。如：一（读作"二之前"）、1（读作"竖起的一"）、七种、九日、三蒲、一二三、二十里、七五三、九十九、五月女、五月住、五代仪（千代美）、四月一日或四月朔（读成"棉花不用"或"脱棉花"）、数十万人、八月十五日、十二月一日、十七女十四男等都是姓氏。

姓氏真是五花八门、千奇百怪啊！

漫说"零"

在十进位计算中，当数字逾"9"而满"1"，则新数是"10"，汉字为"拾"。"10"必是左边竖画右边画圈。这个形如禽蛋（0）的椭圆，叫"零"。滚圆"○"（líng）在汉字字典中正式占有席位只有四十余年历史。"零"有十三画，而0、○只一画，且首尾相合，不知始终于何，名同而用法不同。

"0"的源头，得从我国古代人们记数所用的算筹法上说起。那时，人们把竹（或木）筹摆成纵或横的形状表示，纵式：丨Ⅱ Ⅲ ⅢⅠ ⅢⅠ丅丌丌Ⅲ丌Ⅲ丌Ⅲ；横式：一二三三三⊥⊥⊥Ⅲ。当遇上多位数时，就用九个筹码以纵或横式相间摆出表示。如八百三十六，就摆成Ⅲ Ⅲ 丅，或Ⅲ三⊥；若遇上有零数时，如一百零八，就只能空位摆成丨Ⅲ或一Ⅲ。这当然不方便，用文字记数，这空位易生差错，于是用"▭"填于空位，成丨▭Ⅲ或一▭Ⅲ。

后来据考证，巴比伦人和中印文化区交界处的印度人在8世纪已经开始用黑点（·）来表示空位，后来才逐渐演变为以"0"表示空位。传到阿拉伯地区后被称为阿拉伯数字。我国虽在唐代已采用圆点来表示"零"，但直到13世纪才开始用圆圈"○"来表示数字的空位，最早见于1247年秦九韶的

《数书九章》中。历史上的"初""本"就是更早的"零"的代号。这就是"零"（0、〇）的起源吧。我国在商、周时代已采用了位值制，明确使用十进位，而印度约在6世纪才使用位值制。

在汉字中，本只有"零"，而没有"〇"。在1973年版《现代汉语词典》中，把"〇"作为词条之一。从此，"〇"被归化为一个汉字。汉字都是方块字，唯独"〇"是圆体字，笔画名称应该是"圆"，而《汉字笔画名称表》里根本没有"圆"这一说法。"〇"是最难写的汉字，因其笔顺难以规范，即便规范了也难写圆。难怪有达·芬奇"画蛋"的故事。音序检字，"〇"列在"L"字母中，拼音为"líng"；部首检字则在"难检字"的"余类"中；四角号码检字是"0000"号码，因其四角都是〇。"零"表示零碎、小数目；零头、零数；没有数量；某些量度计算的起点；在两数之间大数下附有单位量的，分别如零售，挂零，五减五等于零，凋零，涕零，零点，伍元零叁分。还做姓，如零琨。如果是数的空位，则在数码中要写作"〇"，如年份二〇〇六年，又如房号十八幢三单元三〇一房（也可写作：18-3-301）。

"〇"，通常表示什么也没有，但别说它一无是处，其实它用途广，意义丰富。

在地球仪上，零度经线叫"本初子午线"，即通过英国伦敦格林威治天文台原址的那条线，表示经度的划分从此开始，其长度与其他经线相等。零度纬线叫"赤道"，是长度最长的纬线圈，表示南北纬的划分由此而始。由赤道向南北两极，其纬线圈越来越小，长度越来越短。在世界时区图上，零度经线所在的时区叫"零时区"或"中时区"。划定"〇时区"以计算全球标准时间，即格林威治时间。由此开始向东、西每隔十五度各划十二个时区，叫东西十二区。全球共二十四个时区；时间上，〇表示子夜正中。在等高、等深线图上，海平面基准面（高程）是〇米等高、等深线。世界上山之高度（如珠穆朗玛峰）、海之深度（如马里亚纳海沟）是从海平面算起的，谓之"海拔"。在我国现行的基准面的"水准点"，指的是青岛验潮站黄海水平的平均高度，其原点高程是七十二点二八九米。在等温线图上，如我国一月平均气温的零度（0℃）等温线，大致经过秦岭—淮河一线，它是我国暖温带与亚热带的分界线。0℃相当于华氏 32 ℉，是冰点的温度。气象学上以"0"为起点，表示 0 上温与 0 下温的界限，叫 0 点（即 24 点）；向上、向下分别区分气温的高、低、热、冷和正、负。所谓"绝对零度"是指零下二七三点一五摄氏度，而不是没有温度。

在数学领域中，0 是正数与负数的分界点。在数轴上表示正数与负数的界限，叫作 0 点，是原点，没有这个原点，数轴坐标就画不成。0 是起点之意；导弹发射（或工程爆破）的口令"9，8，7，6，5，4，3，2，1，0——发射（或引爆）"。在十进位计算中，0 置任意自然数的右边，它使这个数扩大十倍；在近似计算中，0 表示精确度，如 7.5 与 7.50 表示精确程度不同；在实数中，0 是正数与负数间唯一的中性数，具有如下一些运算性质：

$$a+0=0+a=a$$

$a-0=a$, $0-a=-a$。

$0 \times a=a \times 0=0$, $0 \div a=0(a \neq 0)$。

0 不能做除数，也没有倒数；0 的绝对值和相反数都是 0；任意多个 0 相加或相乘都等于 0。在指数和阶乘运算中，任何一个不等于 0 的数的 0 次幂得 1；0 的任何正数次幂都得 0；0 的任何负数次幂和 0 的 0 次幂都没有意义。在复数中，0 是唯一辐角没有定义的复数。0 没有对数。现代电子计算机的二进制中，0 还是一个基本数码。

古代还有"零录取率"事件。唐天宝六年（747）的科举考试就是。事情源于玄宗奸相李林甫，他生怕"一些骨头硬一点的愣头青"，会一门心思地为民请命，揭露奸臣要事，故来个釜底抽薪，一个都不要，把危机扼杀在摇篮之中。但他却对玄宗说：一个都没考上是好事，证明人才已经被朝廷搜罗殆尽，一个都没遗漏。昏庸的唐玄宗听着乐了，天下太平，英雄尽为己用，还有什么不能"高枕无忧"呢？这个"零录取"事件，也暴露出唐朝危机更甚。

在其他领域，有平安、没有风险的"零风险"；有生产的数量与原有数量相比没有增长，即增长率为 0 的"零增长"；有某件事有史以来没有发生过而首次实现的"零突破"；在汉语拼音方面有"零声母"。什么是零声母呢？先得了解音素与音节。音素是语音的最小单位，分元、辅音两类，如 a，o，b，p。由于音素的不同，形成了语音中不同的音节。音节是语音结构的基本单位，每个音节音素最少一个，最多四个。汉语音节是由声母、韵母、声调三要素构成的，韵母和声调是必不可少的成分。大部分字的声母是辅音声母，只有小部分字用元音开头，即直接用韵母开头（没有声母开头），这就是所谓"零声母"。以 a，o，e，i，u，ü 六个单韵母为例说几句，a，o，e 与其领头的复韵母，是纯"零声母"。如啊（ā）、爱（ài）、安（ān）、昂（áng）、熬（áo）、哦（ó、ò）、鸥（ōu）、屙（ē）、恶（ě）、欸（ēi）、恩（ēn）、鞥（ēng）、耳（ěr）。i，u，ü 及其领头的复韵母，可谓混"零声母"，因为它们自成音节时，"i"母独用前加"y"，"i"母打头"i"改"y"。如医（yī）、垠（yín）、影（yǐng）、押（yā）、延（yán）、仰（yǎng）、叶（yè）、哟（yō）、永（yǒng）、犹（yóu）。"u"母独用前加"w"，"u"母打头"u"改"w"。如乌（wū）、娃（wá）、崴（wǎi）、万（wàn）、汪（wāng）、微（wēi）、温（wēn）、瓮（wèng）、卧（wò）。ü，üan，üe，ün 这四个"ü"的韵母自成音节（如于雨、冤院、约越、晕耘等），则其前要加个"y"，而且"ü"上的两点要省去。"ü"母只有跟"n""l"两个声母相拼时两点保留，如女（nǚ）、虐（nüè）、旅（lǚ）、略（lüè）。玩网络游戏的人又有个"〇元党"，指坚持不充一分钱的玩家，告诉玩家如何不花钱玩好游戏。

对于"〇"，人们曾有种种断想——

"〇"是负数的结束，也是正数的起点。

"〇"是谦虚者的起点，又是骄傲者的终点。

"〇"的负担最轻，任务最重。

"〇"是公正无私的，你懒惰它就亲近你，你勤奋它就远离你。

"〇"是一只空杯，等待你用创造的手法向杯中注满生活的美酒。

"〇"是一片空地，可以长荒草、生荆棘、出稗谷，也可以种庄稼，能长出饱满的稻穗。

"〇"是一面镜子，让人们的缺点与不足，在它的光圈里曝光显露。

"〇"是一枚金币，动员你用智慧的头脑去开发致富的门路。

"〇"是一轮旭日，指引逆水行舟者如何迎接新生活的挑战。

"〇"是一面战鼓，催促跋涉者在康庄大道上快马加鞭。

"〇"是一只小船，探索与拼搏是它扬起的风帆，奋勇向前，载着你抵达理想的彼岸。

"〇"是一只神奇的套环，能把信心不足的人的九十九分努力拉回原地，令人"望百兴叹"。

"〇"处心积虑设圈套，最后自己也成了圈套，这就是生活辩证法。

"〇"常在别人的背后夸耀自己的伟大，为什么不独立地看自己的身家几何？

"〇"再多还是〇，犹似口中吐出的一个个烟圈，毫无分量和价值；"〇"也会变成"∞"无穷大，犹如铁索中相连的一环环，坚实无比。

"〇"是事业的测量计，聚焦着勤奋者洒落的粒粒汗珠，饱含着懒惰者流下的滴滴悔泪。

　　"○"是探索者希望的光环，是无为者束缚的锁环，是消沉者绝望的陷阱，是开拓者奋斗的车轮。

　　拥有"○"，你便会看到负数的深渊，正数的辉煌；敢于从"○"开始，已经是成功的一半，胜利的曙光就在眼前向你招手！

漫说"一"

　　俗话说：砻糠搓绳起头难。这"起头"就是"开头""起始""最初"之意。数之始就是"一"。"一"字是一个神奇的汉字，从古至今，其外形始终如一，含义却极其丰富。

　　"一"的"六书"造字法有两种说法：一为象形字。乃是一根手指伸出，即右手的食指伸出的形象进行描述。一为指事字。清代学者段玉裁注："一之形于六书为指事。"由此注析可见，"一"是古人的记数符号，可能画一道横杠，也可能是一个筹码。不管是象形字还是指事字，在中华文化中，人们都表现出对"一"的尊崇。

　　"一"，《玉篇》释："一者数之始也。"《说文解字》曰："一，惟初太极，道立于一。造分天地，化成万物。"《辞海》曰："数之始。人类为计数需要，首先有数目一。引申为初，常用以表示最少的数量。"由上可见，"一"是个最小的整数，亦是万事万物的原始，是单纯的唯一，因而"一"又有同一、全体之义。《管子·形势》："异趣而同归，古今一也。"分开来说万事万物，合起来是一个整体。因此，"一"又引申为归一、整体之义。《庄子·徐元鬼》："一闻之过，终身不忘。"其中"一"即作"少许""一旦"讲，由此引申指动作短暂、两种情况的接续，如"歇一歇再走""一做起来就不罢休""一到春天就刮风"等。

"一"既是"初始"，就衍生了"太一"（泰一、大一）与"太极"等概念，万物处于"有""无"之间，有了三个基本的哲学含义：一是万物本质特征，就是"道"。"圣人抱一为天下。""万物得一以生。""一也者，万物之本也，无敌之道也。"二是混沌之气。"道生一，一生二，二生三，三生万物。""太极生两仪，两仪生四象，四象生八卦。"三是对立统一体。"不有两则无一。""一物两体，气也，一故神（变化不测），两故化（化合为一），此天地之所参也。""二端，故有感；本一，故能合。""言阴阳则太极在其中矣，言太极则阴阳在其中矣。一而二，二而一者也。"

在中国数字文化中，"一"总给人以神圣之感。因"一"又与"太阳""帝王"及"至尊"等观念相联系，于是有了起始、光明、生命的意味。就节日而言，春节是农历一月一日，即"大年初一"，国人崇尚，海外华侨也崇尚，其崇尚的火热情况，普天之下老少皆知，无与伦比。近代又有"一一"（元旦）、"五一"、"六一"、"七一"、"八一"、"十一"等。再看表示"起始""第一"的，就有数十个：甲第、甲榜、鼎元、鼎甲、魁首、榜首、鳌头、上第、冠军、桂冠、金牌、领衔、上游、上座、盟主、问鼎、夺标、夺魁、执牛耳、称雄、称霸、胜券、首席、头号、头排、头牌、头等、头条等。

"一"的含义十分丰富，使用时，要字不离句、句不离文，结合上下文，才能明白它的具体意思。科举时代，据说有年科考，三个考生进京，都想知道自己能否考上，于是三人结伴来到卜卦摊，请算卦先生占卜。先生知其来由后，闭起双眼，伸出一指。考生不明是何意思，先生只道："天机不可泄露。"发榜那日，才知只一人上榜，他们极觉神奇，于是又来问算卦先生另二人何时能考上。其实先生也不知，但他却"泄露"了只"伸一指"的"天机"：若中一个，就代表了一个；若中两个，就代表一个不中；若三人都中了，就代表了全部；若三个都未中，就代表一起不中。算卦先生就是利用这"一"的多义性来骗人的。

至于用"一"来形容能量之大、反应之速的词语，更是比比皆是。如：一学就会，一听就懂，一望而知，一目了然，一挥而就，一蹴而就，一叶知秋，一网打尽，一扫而光，一步登天，一针见血，一鸣惊人，一语破的，一气呵成，一帆风顺，一落千丈，一尘不染，一发千钧，一手遮天，一目十行，一日千里，一诺千金，一呼百应，一劳永逸，一了百了，一失足成千古恨……

"一"还是个音乐符号，是工尺谱中的符号之一，相当于简谱中的"7"。它产生于隋唐的工尺谱，由管弦乐器的指法记号演变而成，常见者用上、尺、工、凡、六、五、乙，依次记写七声，高八度者，各音加个"亻"旁标记；低八度者，除末三个分别改用合、四、一外，前四个均于最末一画带上撇（上尺工）表示。

正是"一"有在天地尚未造分的形状的"葫芦"之喻，使"一"又有了异体的大写汉字"壹"（"一"的另一大写字是

"弎")。《说文解字》注曰："壹，专一也，从壶，吉亦声。"就是说在字形上，"壹"其实就是"壶"(《说文解字》注："壶"为"昆吾，圜器也")，就是葫芦。"壹"也有了专一、一样（同）、一概、一旦（一经）、统一（整齐一律）、稳定、均衡、实在等含义。在与理财借贷相关之处，凡遇一数的，务必记住用"壹"，切莫图省力而生非，甚至遭祸害。"一""壹"又可做姓氏（其实一至十各数都可做姓氏），如唐代天文学家、和尚"一行"（天台国清寺就有他的遗迹），明代有个县丞叫"一善"，北魏有"壹那娄"，明代有兴化府经史"壹震旦"，等等。

在数学计算上，则必用阿拉伯数字"1"，其形状像粗壮挺拔的大汉，又像亭亭玉立的少女，其读音却要看这个"1"在哪个领域。数学计算中"1"读作 yī，电话通信里"1"读作 yāo。还有，比 1 大的"2"要读 liǎng，"7"要读作 guǎi，"0"要读作 dòng，如电信业务中"1702"要读作"yāo guǎi dòng liǎng"。这个"1"，世界各地人民都喜欢它，使用它。

"一"的本音是"yī"，即第一声或阴平，单用或在句末时，就读本音，但它在其他情况下音调会发生变化。如：①在第四声或去声前就要变读为第二声，即阳平，如"一半是沙，一半是泥"。②在非去声前则变读为去声，如"一棵树""一层油""一眼看到"。③在两个重叠动词中间，则变读为轻声，如"走一走""摇一摇""试一试"等。

数字独用，往往枯燥，一旦与别数、别物合用，却又妙趣横生。如，戏曲中的"一末十杂""一桌二椅""一望两望"，就概括了戏曲的角色、道具、表演动作程式。有个故事说清朝康熙皇帝微服察访江南，时间是 1685 年某天，地点是粥店。康熙摇着玉骨扇子进店，粥店秀才热情接待、侍奉，不料甩坏扇骨一根，秀才心急火燎，但细视"小桥流水夜"，便脱口赋出《小桥流水夜》，诗入五个"一"："一山一水一小桥，一轮明月照松梢。沿边虽破乾坤在，一如既往乐逍遥。"康熙听到"沿边虽破乾坤在"之语，喜上眉梢，乐不可支。餐毕步出店门，玩赏店前景致，令其再赋，竟赋出十四个"一"，题《店前池边环顾》："一西一东一江水，一颠一倒一池树。一来一去道上客，一聚一散天边路。一励一精治国好，一歌一舞赞君主。"再瞧"秋江垂钓图"，又赋得《秋江垂钓图》诗，十个"一"入诗："一蓑一笠一扁舟，一丈竿头一钓钩。一水一拍似一唱，一翁独钓一江秋。"这些"一"字诗，使素淡无味、枯燥的数字又奇趣横生。"一"字诗如此，"一"字谜、联、咏亦然。如谜语：一个大一个小，一个跳一个跑，一个吃血一个吃草。（字一）"人有它大，天无它大"和"春雨连绵妻独宿"，其谜底都是"一"。"春雨连绵"意即"春"有雨无日，"妻独宿"表"夫"不在。"春"去了"日"与"夫"就成"一"了。对联："一竹一兰一石；有节有香有骨。""三人三姓三结义；一君一臣一圣贤。""一丝一粒，我之名节；一厘一毫，民脂民骨。"杂咏："一阵敲门一阵风，一声姓名想旧容。一番迟疑一番懵，一番握手一番疯。"（流沙河《重逢》）

汉字数目字，笔画最少的就是"一"和"〇"，"一"有头有尾横着，"〇"无头无尾相接。高玉琮先生以《眼睛》为题赋文，请看：

两只眼睛，一只闭，一只睁。闭的像"一"，睁的像"○"。

下级来了，用"一"相迎。有困难吗？我一概不知。有困难吗？我一筹莫展。你批评吧，我一声不吭。"一"——闭的眼睛，紧紧地，不留一点缝。

上级来了，用"○"相迎。领导讲话，"○"——睁大的眼睛，表示高兴，表示忠诚。领导指示，"○"——表示坚毅，任务艰巨，也能完成。"○"——显得空空，需要领导，给以填充。

"一"是一棒，"○"是陷阱。

作者给"一""○"赋予情思，塑造活脱脱的形象，或褒或贬，或颂或斥，耐人寻味，回味无穷。

"一"在成语中，占有五百多条，含义变化多端，并不都表示数量，多数已经虚化，成为一种引申说法或形容，表示各种不同含义。即①表示"小、少、微"。如一鳞半爪、一知半解、九死一生、九牛一毛、沧海一粟、挂一漏万、万无一失等。②作"同一、一样"解。如一脉相承、一丘之貉、一心一德、一视同仁、表里如一、如出一辙、众口一词、万众一心、千篇一律等。③作"专一"解。如一心一意、专心一意等。④作"统一"解。如一统天下、天下一家等。⑤含"全、满、都"之意。如一身是胆、一无所获（有）、一天星斗、一路平安、焕然一新、一日之计在于晨等。⑥含"才、就、刚"之意。如一见如故、一触即发、一击即溃、一拍即合、一见钟情等。⑦含"竟、乃"之意。如一至于此、一寒于此等。⑧表示"第一"。如首屈一指、数一数二、一而再，再而三等。⑨

含"一旦、一经"之意。如一鸣惊人、一成不变、一言为定等。⑩作"或者、忽而、时而"解。如一胜一负、一猪一龙、一龙一蛇、一张一弛等。

阿拉伯数字的"1"也很有趣。笔者曾见过这么一串算式,其得数均是1,初看时"不可思议",但一旦给每个数后加个适当的单位名称,不但算式成立,反觉"恰如其分"。请看:

$1+1=1$ 1(里)+1(里)= 1(公里)

$2+1=1$ 2(月)+1(月)= 1(季度)

$3+4=1$ 3(天)+4(天)= 1(周或星期)

$4+9=1$ 4(点)+9(点)= 1(点)

$5+7=1$ 5(月)+7(月)= 1(年)

$6+18=1$ 6(小时)+18(小时)= 1(天)

注:13点即下午1点。

由此可见,这串得数皆为"1"的算式,正是思维方式、思维角度的变换所致。而且,随便取一个自然数进行运算,最后得数也是"1"。为什么呢?原因是:若是偶数,用2除完;若是奇数,将它乘3后再加1,如此反复运算就是了,不妨试试,验证真假。

除大写"壹","一"与"1",一个横,一个竖,一个本土,一个外来,都很有趣、都很可爱!总而言之,一、壹、1三字都很重要,都难舍弃。我们欢迎它、尊崇它、认认真真运用它。

漫说"二"

　　二，从"六书"造字法讲，若以右手伸出食指与中指，并以掌面对人的形象描述，是象形字；若以古人"积画为数"看，用两个筹码或画两道来表示的，是指事字。从字形讲，从甲骨文开始，金文、小篆、楷书均为上短下长的两横构成，没有变化。

　　"二"的本义是数目字二，即两个，如成语典故中的"二桃杀三士""不二法门"。而引申义有五：①第二。表示次一级的，如二品官、二等货。②两样、两类。如言无二价、二者必居其一。③双、比。如独一无二，《史记·淮阴侯列传》："此所谓功无二于天下。"④再次、两次。如《宋史·吴璘传》："此孙膑三驷之法，一败而二胜也。"⑤副、次。如二花脸，《礼记·坊记》："君子有君不谋仕，唯卜之日称二君。"

　　"二"还很有哲学意义，这自然令人想起当年母亲三餐茶饭时写过的一首诗："母亲上灶头，右手捏蒲瓢，舀水先涤锅，烧柴进灶膛。"涤锅就是方言土话"搪镬"。这"蒲瓢"，今天就不曾有了，即今之舀水勺。那时候舀水勺有两种，一种是松木凿成的，截一段三四十厘米长的松木，先锯两爿，再做柄凿勺，称木勺，市场上可以买到；一种是把老硬的蒲瓜锯开，籽瓢自脱，成两只勺。这种蒲瓜的特点是一头大而圆，一头小而圆，近似于武侠片中常见的许多老者腰间挂的葫芦，只是葫芦的小头有个颈，有个酒壶嘴似的部分，如今市场上也极少见到这种蒲瓜了。这种蒲瓢的制作就生出两个哲学名词：一分为二与合二为一。

神话传说有"盘古开天"。在初民文化中，多把天地之分想象为"葫芦剖判"的结果。剖，判，从刀，其义为分。这"葫芦"就是"盘古（盘瓠）"。故"剖判"的另一结果是伏羲与女娲的诞生，即男女的出现。"许多原始神话都把本氏族之祖先归结为一兄一妹。由此，男女结合也就成了'一分为二''合二为一'的最初含义。"（子威《开天辟地的二（贰）》）可见，"二"具有开天辟地、万物因之而生的含义。这一"剖判"由开天辟地，走向了男女两性行为。此时，被剖判的葫芦以及瓜、豆等，都有了女性的象征性含义。古人称年龄中有"破瓜十六女碧玉"，是说女子十六岁，是碧玉，是破瓜之年，"破瓜"指女性的第一次性行为。在后来的结婚礼仪中，新郎与新娘喝交杯酒之礼，古汉语称为"合卺"。卺，音 jǐn，就是葫芦、蒲瓜剖判（锯）而成两只"瓢"。从此后，两人又要"合二为一"了，这"一"就是一对夫妻，是一个整体。其后又要进入两次"一分为二"：一是性行为，二是女性怀孕生育——"合二为一"的结果。在数字文化上，是"二生三"的范围了。

数有奇、偶之分，"二"是偶数中最小的数字。"二"是两个，偶是成对成双。在中华民族的传统文化中，崇尚对偶、对称的观念特别浓厚，几乎随处可见。诗歌创作，对偶是主要手段、律诗、绝句不仅句数成偶，即八句、四句，律诗中间四句必须构成两个对偶句，或称二联，即颔联与颈联。创作中总结出一些对格，如：云对雨，雪对风，晚照对晴空，来鸿对去燕，宿鸟对鸣虫。城市规划，讲究对称或对应，如北京，以地安门对应天安门，地坛、月坛分别对应天坛、日坛；城，东西各有东四、东直门，西四、西直门，成对匹配。交往礼仪讲究礼尚往来，"来而不往非礼也"。逢年过节，走亲访友"不空手到"，礼物数量必讲偶数，至少是"二"，酒两瓶，盒两个，果品两包，水果两样（袋）……至于送一送三乃是西方舶来的。婚姻礼仪，媒人一对，结婚前必有定亲与送帖两次，方行婚礼；择婚期也多选"六""八"，就是"二"：接亲迎娶，必有红灯一对，伴姑或伴娘一双，长接（男性）两人，有的迎亲队伍中有提点心盒两个，旧时就是彩舆（轿）临门，喜娘扶新娘出来与新郎并立于堂上后，也要行祭天地礼、交拜礼、祭祖礼和合卺礼，四礼成偶。评说名人也往往用"二"，如战国有"二王"（水利专家李冰、李二郎父子，追封为王），东晋有"二王"（书法家王羲之、王献之父子），西汉有"二司马"（史学家司马谈、司马迁父子）和"二刘"（经学目录学家刘向、刘歆父子），东汉有"二蔡"（文学书法家蔡邕，女诗人、音律家蔡文姬父女）、"二崔"（文学家崔骃、崔瑗父子）、"二班"（史学家班彪、班固父子和治西域功臣班超、班勇父子），南朝有"二祖"（数学家祖冲之、祖暅父子）、"二徐"（文学家徐摛、徐陵父子），唐有"二欧阳"（书法家欧阳询、欧阳通父子）、"二李"（画家李思训、李昭道父子，人称"大小李将军"；书法家李善、李邕父子），五代有"二黄"（画家黄筌、黄居寀父子），宋有"二米"（米芾、米友仁父子）、"二晏"（词人晏殊、晏几道父子）；等等。历史事件也讲"二"，如春秋时有朋比为奸"二五耦（ǒu）"和借刀杀人的"二桃杀三士"事件，唐朝有"二帝四王之乱"（德宗李适为改变节度使世袭弊端而引发的一场为期六年的叛乱）、"二王八司马"事件（顺宗李诵任命王叔文及王伾和柳宗元等司马，为改革藩镇与宦官专权祸乱的"永贞革新之事"），近代有"二十一条""二次革命""二七惨案""二二八起义"，还有以"两""双"代替"二"的"两广事件""双十二事变"（即西安事变）。其他又如"二人世界""二龙戏珠""二虎相争""二马不同槽""二雄不并栖""二泉映月""二姓之好"等，若换二为一，也许就索然无味了。

"树上的鸟儿成双对""夫妻双双把家还""两句三年得，一吟双泪流"。可见，"两""双""对""偶"都与"二"的含义相同。"双"的繁体字是两只鸟之意，写作"雙"，一只鸟则写作"隻"。两个不可分割的或自然配对成一体的人、物或事融在一起，称为"双"或"对"，诸如一双鞋、一双手、一双筷子、一双眼睛，双目、双肩、双珠、双星、双飞，一对枕头、一对鸳鸯、一对新人等。新婚夫妇总是用"双""对"表示祥瑞之意，如龙凤呈祥、双喜临门，贴"喜"字，红色成双，称"红双喜"，写作"囍"，嫁妆、送礼、被罩、枕套成对，绣物荷花两枝四枝，鸳鸯两只戏水，龙腾凤飞一对。好事总成双，如招待客人，餐桌上正菜四、六、八、十，不会三、五、七、九，若客人不慎掉筷一根，主人换筷必须一双，绝不可一根。

时下许多产品命名也用"双"：双星、双钱、双乐、双菱、双鸽、双晶、双福等。古典文学的回目也是一对，构成一副联语，回数一般都是偶数，如《红楼梦》《三国演义》是一百二十回，《西游记》《金瓶梅》《镜花缘》《封神演义》均是一百回，《水浒传》则有一百二十回、一百回、七十回三种，《绿野仙踪》八十回，《野叟曝言》一百五十四回，《荡寇志》有一百四十回，等等。文化艺术中更喜"二"，戏曲中有二凡、二黄、二三锣、二六板、二夹弦、二道幕、二花脸、二人台、二人转；作品有《二度梅》《二进宫》《二奇缘》《二胥记》等，绘画中有二点、二写、双钩等技法与作品《龙门二十品》等。古代军旗有"二胜环"（双胜交环），花有"二艳"（指牡丹、芍药），地有二京、二辅、二殽、二陕、两湖、两广、二郎山、二拓地、二连浩特等，数学有二进制、二次方程、二次形式、二次曲线、二项式定理等。

在日常生活中，常闻"二八""二三""二百五""二流子"等，何意？"二八"多指十六岁，"女乐二八"，"二八"则指十六；还指古舞乐分为二列，每列八人；也指古代虞舜贤臣八元八恺的合称。"二三"谓心不专一，没有定准，异心，不忠实就称"二心"。《诗经·卫风·氓》："士也罔极，二三其德。""二三其德"犹言三心二意。"二三"也表示较少的数。"日暮以归，当送干薪二三束。"（王褒《僮约》）对几个人就称"二三子"，对门弟子，也称"二三子"。《论语·阳货》："孔子曰：'二三子，偃（即子游）之言是也。前言戏之耳！'""二百五"指做事莽撞，有些傻气的人；而鲁莽的人则称"二愣子"。游手好闲、不务正业的人称"二流子"。在陕西方言中，有"你别再二了"之说，意为不懂道理或傻里傻气、呆头呆脑。蛮横冒失者为"二球"，萎靡不振、做事马虎、漫不经心者为"二泥巴塌"，这是秦文化中数字文化的突出特点。

《西游记》中有段故事：唐太宗李世民病危，奄奄一息，臣子魏徵知他魂已到阴间，便托阴间旧友判官崔珏设法营救。当崔判官翻生死簿时，见太宗的死期是贞观一十三年时"大吃一惊"，不设法篡改，李世民之魂便回不到阳间。他急中生智，便在"一十三年"的"一"上添加两画。后来阎王见生死簿上唐太宗名下还有二十年阳寿，就让其返本还阳。这个故事暴露出汉数字易被篡改的缺陷。据说西汉已开始流行大写数目字了，到武则天时，官方正式规定十个大写数目字，后人称为"会计字"。"二"的大写字是"贰"，表数目是个假借。《说文》："贰，副益也。"段玉裁注："当云副也，益也。"可见其本义是副，并不表数目。古义是"不专一"，引申为重复、背叛、变节、动摇、怀疑、违背法度、副的、副职、不一致等义。《说文解字》段玉裁注："贰，从贝，弍声，而至切。弍，古文二。"可见贰是音 èr，形从贝。"贝"是古代货币。《汉书·食货志》："小贝……率枚直钱三。"意为小贝，大致每枚值三个钱。两个贝即两个货币之意。可见"贰"是"形声包会意"的字，后假借而用。人民币上的"二"数非写作"贰"不可。在数学计算中，这两个汉字都不方便，引进了阿拉伯数字后，"二"又有了"2"字。

"二"与"两"，读音不同，却在不少地方可以互相替代，但具体用法十分讲究。请先明白"词"与"词素"（复音词的一个成分）是不同的，词可单独运用，而词素不能。"两"不当词素，"二"可当词亦可当词素。因此，务必记住：数词"二"与"两"，表数目意思一样，有时可互相替代，有时界限严格。序数用"二"基数用"两"，只是用在量词前。多位数，量词后，用"二"不用"两"。小数分数只用"二"，概数倍数只用"两"。在"半""百""千""万""亿"和"位"前面，"二""两"可互通。传统度量衡，其前用"二"不用"两"；一般量词前，个别可用"两"。事物成双对，只能用"两"。与"三"连用只用"两"，位置必在"三"后面。还有个"俩"字，表示两个人，音 liǎ，如我俩、哥俩、他俩、娘儿俩、姐弟俩。"俩"还有个读音与"两"（liǎng）同，只能用在"伎俩"中。

阿拉伯数字"2"，在数学计算中更不能少。

一句话，数目"二"，字简单，文化含义广而繁。

漫说"三"

三，在原始民族中，不是"二"后"四"前的数"三"，而是"二"之外的"许多""很多"之意。"二生三，三生万物"，三是介于二和四之间的整数。其形体从甲骨文到楷书，一脉相承。

"三"的文化含义极为丰富。《说文解字·三部》："三，天地人之道也。"人们观察天地、日月星辰及人类社会，常"以三为法"来描述自然与社会。人与天、地并立，谓之"三才"，天、地、人是"三位一体"的。天有天道，地有地道，人有人道。正因为有了人，世界才有了主体，才使自己的世界变成了自为世界，产生了作为人类文化成果的"万物"。这"二生三"的"三才"说，就是"天人合一"的观念——中国人的"三"的文化概念。"三才"说进而产生了属于人类世界的"三皇"说。"三皇"又有"天皇、地皇、人皇""燧人、伏羲、神农""伏羲、神农、黄帝"三种说法。这样，"天地人"三位一体成了解构人类社会的基本法则。其最大的表现是在政治、宗教及其他领域都与"三"结缘。

政治上，维系社会秩序的官制、军制、刑律都是三位一体。如，尚书省、中书省、门下省的中央政权机构为"三省"；

辅佐国君的少师、少傅、少保为"三孤"或"三少";太师、太傅、太保,或各主天、人、土的司马公、司徒公、司空公为"三公",也称"三师"或"三槐";廷尉、御史中丞、司隶校尉,或刑部、都察院、大理寺为"三法司";通管盐铁、度支（财政）、户部的长官或刑部尚书、侍郎与御史中丞、大理卿为"三司使";尚书（中台）、御史（宪台）、谒者（外台）或谒者台、司隶台、御史台为"三台"官署;台院、殿院、察院为"三院";代表天子监察诸侯的高官为"三监"。军队统称"三军",古代或指上、中、下三军,左、中、右三军,后指陆、海、空三军种;红军长征中指第一、二、四三方面军;三军古代也称"三师"。宫廷禁卫军以亲卫、勋卫、翊卫为"三卫",其都指挥司称"三衙",衙之长官称"三帅";还有"三大营""三十六营""三十六天罡",兵法有"三十六计"。兵之给养有"三屯"（军、民、商三种屯垦）制。兵器有"三革"（甲、胄、盾）、"三股叉"、"三矛"等。刑律有许多"三"。三类刑法称"三典",对犯人审讯,问群臣、群吏、万民三等人叫"三刺",对犯人的刑具有"三木",对犯人处理有"三宥""三赦",审案中有三方同堂对质的"三曹对案"。古代有"三尺法"（法规刻在三尺长的竹简或木板上）,现代立法、执法、守法"三位一体",自诉、公诉、反诉"三位一体"等。

天文历法中,有"三灵"（天、地、人）、"三光"（日、月、星）、"三宫"（紫微、太微、文昌三星座）、"三垣"（划分天空恒星群大区）、"三星"（相邻而组成直线三颗亮星）。有"三种历法"（阳历或公历、阴历或夏历、阴阳历）、"三大历法"（公历、回历和佛历），我国有"三统历""三时历""三种纪年法"（王位、年号、干支），还有"三时""三始""三元""三春""三更""三伏""三九""三巳"等。

地理地域中，地球有"三极"（南极、北极、喜马拉雅山），地域有"金三角"（泰国、缅甸、老挝三国交界毒品基地）、长三角、珠三角等；古有"三吴""三楚""三湘""三蜀""三辅""三都""三镇"，今有"三亚""三盘""三门""三峡""三门峡""三江""三北""三江源""三元里"。风景名胜有"三山""三奇""三绝"，嵩山"三阙"，山东"三孔三堂"，广东清远"三霞"，福州"三坊七巷"，各地"三亭""三宝"名产，等等。

在宗法礼俗中，以始祖、太祖、祖宗为"三祖"；以父母、兄弟、妻子或父族、母族、妻族为"三族"；以祖孙三代或所见世、所闻世、所传世为"三世"；古代以内亲、外亲、妻亲三种亲属关系为"三亲"（也指血亲、姻亲和配偶）；以君臣、父子、夫妻三者的君、父、夫为臣、子、妻之纲的"三纲"。古代祭祀礼中，祭天、祭地、祭祖庙为"三礼"；祭祀时以初献爵、亚献爵和终献爵（爵为酒器）叫"三献"；三次进酒叫"三宿"；结婚、生子或死亡第三日的礼节称"三朝"；祭品有"三牺"（雁、鹜、雉）、"三牲"（牛、羊、豕）。拜见礼要"三叩首"（顿首、稽首、空首，首即头）；朋友宴席"酒过三巡""三杯"，茶礼有"三道茶"（主人献敬茶、甜茶、香茶），民间婚俗有"三茶"（求婚下茶、订婚受茶、圆房合茶）。壮族祭五谷神为"三月三"，白族纪念观音除害行善有"三月节"

（农历三月十五起，七天，也称"三月街"），中秋节、重阳节都有"三大俗"。

儒、道、佛为我国"三教"。儒教偏爱"三"。孔子的"君子"就有"三戒"（少戒色、壮戒斗、老戒得）、"三畏"（畏天命、畏大人、畏圣人言）、"三变"（望之俨然、即之温也、听其言也厉）、"三友"（友之直、谅、多闻为益友，友之便辟、善柔、便佞为损友）、"三愆"（言之未及而言，及之不言，未见颜色而言，分别谓之躁、隐、瞽）、"道者三"（仁者不忧，知者不惑，勇者不惧）、"三乐"（礼节、道人善、多益友为益乐；乐骄、乐佚游、乐宴为损乐。孟子指：父母兄弟俱在，不愧天人，得天下英才），其他还有"吾日三省吾身""三人行，必有我师""三思而后行"，孟子的"诸侯三宝"（土地、人民、政事）、"天下达尊三"（爵、齿、德）、"三月无君则吊"、"不孝有三，无后为大"等等，均离不开"三"。

道教认为世界以天、地、水为"三元"；以道、经、师为"三宝"；以玉清元始（宝君）、上清灵宝（道君）、太清道德（老君）为最高神位的"三清"天尊；以内观、外观、远观为"三观"（内观于心，心无其心；外观于形，形无其形；远观于物，物无其物；三者既悟，唯见于空）；道经以洞真部、洞神部、洞玄部为"三洞"；以上尸青姑、中尸白姑、下尸血姑为"三尸"（"三尸之神于庚申日上天。届时须彻夜不眠，使三尸交向杀伐；三尸尽除，则修道可以无所扰累"）；还有"三茅真君"（茅盈、茅固、茅衷三兄弟）；道教的福、禄、寿三星形象，是其迎合人之心愿而创造的，福星拿"福"字、禄星捧金元宝、寿星托寿桃的吉祥画图叫"三星高照"。

佛教与基督教、伊斯兰教并称世界"三大宗教",佛教向来被认为是哲学的宗教,其"三"运用特多。以上座、寺主（监寺）、维那为"三纲";以三摩地、定、禅三位一体,称"禅定"（即安静而止息杂虑）,其中"三摩地"即"三昧";以佛、法、僧为"三宝""三归""三皈"。皈,音 guī,佛指释迦牟尼,法指教义,僧指继承或宣扬教义的僧众;以经藏（素怛缆藏）、律藏（毗奈耶藏）和论藏（阿毗达磨藏）为"三藏",其通晓三藏的僧人为"三藏法师";将世俗世界分为欲界、色界、无色界,称"三界"（为"迷界"）;以佛法、一切法、心法或色法为"三法";以声闻、缘觉、菩萨（佛）为引导众生求得解脱的方法、途径为"三乘";以戒、定、慧为教徒修行佛学基本课目称"三学";以过去、现在、将来为佛教教义而建立的"三世说";以多近善友、多闻法音、多修不净观,或多供养佛、多事善友、多问法要为"三多";以僧袈梨、郁多罗僧、安陀会为"三衣";以善性、不善性、无记性为"三性";还有"三谛""三法印"和"三境界""三尊佛""三世佛""三宝殿""一心三观"等。佛教传入我国后,又有"三阶教""三论宗"。

在文艺领域,文坛"三"的名人云集,且多为父子兄弟。东汉"三班"（彪、固、超）,"三崔"（骃、瑗、寔）,建安"三曹"（操、丕、植）,西晋"三张"（载、协、亢）,东晋"三谢"（尚、奕、安）,初唐"三王"（勔、勮、勃）,北宋"三王"（安石、安礼、安国）,唐"三李"（白、贺、商隐）

和"三罗"（隐、虬、邺），唐工艺家"三阎"（毗、立德、立本），北宋"三苏"（洵、轼、辙），"三孔"（文仲、武仲、平仲），"三刘"（攽、敞、奉世），南宋"三洪"（远、遵、迈）、"三陆"（九韶、九龄、九渊），明"三魏"（禧、祥、礼）、"三袁"（宗道、宏道、中道）、"三冯"（梦龙、梦柱、梦熊）、"三赵"（令穰、伯驹、孟頫），清"三徐"（元文、学乾、秉义），"三万"（泰、斯大、斯同），"三范"、"三任"、京语"三大师"（曹雪芹、文康、舒庆春）。绘画有"三远"（远山取景）、"三病"（用笔）、"三品"（评画）、"三绝"。器乐有"三弦""三鼓""三调"。音乐有"三入手""三分损益法"。乐曲有"三六"（三落）和"梅花三弄"。建筑有王城"三门"，四合院内北房三间一明两暗，东西厢房各三间，"三宫六院"。文学有民歌"三体"（山歌、小调、号子）和古诗"三体"（歌、行、吟）、格律诗"三体"（律诗、绝句、排律）、"三字诗"（三字句、三字经）、"三同诗"（三字同头同旁）、"三雅"、"三颂"、"三吏"（《新安吏》《石壕吏》《潼关吏》）、"三别"（《新婚别》《垂老别》《无家别》）、"三戒"（柳宗元寓言小品）、"三家诗"（传授《诗经》的齐、鲁、韩三家）、"三都赋"（西晋左思的《蜀都赋》《吴都赋》《魏都赋》）。词牌"三姝媚""三字令"。清代"三怪诗"（拔胡、偶然、剃头）、"三日诗"（昨、今、明）、"三牛诗"（妻救夫，县官令其当堂就象棋、砚台、秀才妻而作诗三首，每首末句必有"牛"字）。散曲有"三哭"（《哭三尼》）；曲艺有"三句半"（瘸腿诗）；戏剧有"三花脸""三块瓦"或"三块窝""三髻""三衣箱"和"三角戏"（小生、花脸、花旦三个角色），也有"三才板""三击鼓""三弦书""三笑""三呵子""三翻锣""三五七""三合班""三庆班""三一律"等说法。小说有"三部曲"。古籍文献有"三坟""三易""三传""三苍""三夏""三玄""三经""三礼""三略""三通书""三公案""三言二拍""三朝要典""三国志""三体石经""三代遗书"等。近现代有《三闲集》《三家巷》《三里湾》《三月雪》《三家村札记》。剧本之"三"更是多不胜收。

中医学有"三消""三焦""三喉""三因"和建安"三神医"（董奉、张机、华佗）；科举考试有"三甲"（三鼎甲）、"三元及第"（连中三元）；现代学校分小学、中学、大学三级。在汉字和成语俗语中，"三"多如牛毛。音、形、义是汉字"三要素"。语音有"三拼法""三合元音""声韵调三要素"。一个字有三个读音的，如"会"，有 kuài 计、huì 议、guì 稽；"参"，有 cēn 差、人 shēn、cān 加；"咳"，有 ké 嗽、kǎ 痰、hāi 声叹气；"漂"，有 piào 亮、piǎo 白、piāo 流；"累"，有 léi 赘、lěi 次、劳 lèi；"恶"，有 ě 心、厌 wù、è 作剧；"差"，有 chā 别、chāi 使、chà 不多；等等。字形，有上中下、左中右三部分构成的字，如籤、簟、蜜、蕾、鼞、潮、糊、树、摊、螂；有同字构成的"三叠字"，如众、品、茻、毳、磊、鑫、森、淼、焱、垚、犇、飍、猋、蟲、鱻、灥、孨、姦、赑、矗，连羊、鹿、龙、兔都可三叠，等等；有"三同字"，指画数、笔画和笔顺三者全相同的字，一组一组地来看，如刀力、九几、于于、甲申、沮泪、土工、网肉；有"三笔字"，指一个字只有三画的字，约七十个；有"三近字"，指三个字形体相近似的字，同样一组一组地来看，如子孑孓、己已巳、兀丌尢、干千于、元无旡、戊戍戌、么幺乡、山屮巾；也指字中部件外同内异的"三部件"，如内、内，构出的基本字有离、禺、禹、㒾。还有三个"十进"字：二十写作"廿"，三十写作"卅"，四十写作"卌"，音分别为 niàn，sà，xì。成语如"三六九等""三灾八难""三风五气""三头六臂""说三道四""三贞九烈"。俗语如"三一三十一""三句不离本行""三早当一工""三人成虎""三寸鸟长七寸嘴""三勤夹一懒""三分药七分养"。歇后语如"三朝元勋——老资格""三色圆珠笔——多心""三伏天的冰雹——来者不善"。

"三"的大写字是"叁"，"叁"又最易与"参"混淆，差异在下部三画是"横"还是"撇"，千万莫乱写。"三"作数词，其后可加量词，表示"三个人"则可写成"仨"（sā），但后面量词"个"则必须省去，如"咱仨""他们哥儿仨"等。"三"与"十"组成"三十"，可写作"卅"（sà），"三十"做一个字用，这种写法多在对联或日期上，如史事"五卅惨案"或"五卅运动"，即五月三十日。

作为计算书写的"三"，一般写作阿拉伯数字"3"。"3"极像两个半圆相叠，亦似英文大写字母"B"的右半，也似汉字"了"，稍有不慎，会把"不了了之"写成"不33之"或"不了3之"，岂不可笑？世上事物总是有人欢喜有人厌恶，"3"也这样，地中海南岸的摩洛哥人欣赏它，认为"3"会给人带来兴旺，地中海北边的希腊人称"3"是最完美的数字。认为任何事物必经开始、中期、终了三个阶段，"三"具有神性。整个世界由三位神仙——手执霹雳的主神朱庇特、挥舞三叉戟的海神波塞冬、手牵三头狗的冥神普鲁托——主宰。世界由大地、海洋、天空三部分组成，大自然包括动物、植物和矿物三内容，人具有肉体、心灵、精神三重性。我国香港人因"3"与"升"谐音，极喜"3"，因为"升"是高升。可是有些国家却讨厌"3"，认为它不吉利，最讨厌点烟被第三次点着。传说在 1899 年英荷一场殖民战争中，每当夜间战士吸烟，因亮光暴露被打死，死者多是在点第三根火柴时遭不幸的。为什么？点第一支时，对方发现目标开始举枪，点第二支对方有时间瞄准，点第三支对方扣扳机。这就是欧洲人厌恶"3"之源。日本人也讨厌"3"，特别是三个人一起照相，他们特忌讳，因中间的人被夹而难受，定然不幸，故拍摄三口之家的"全家福"时，还得请其他亲友来参加呢。

漫说"四"

"四"作为数目字，是介于"三"与"五"之间的数。其形体是"国壳"——"囗"（wéi）中装个"八"。《说文解字》："四阴数也，像四分之形。"字形来历，或自"积画为数"观念，或从"伸指出拳"描述。甲骨文是四横，金文起初形同甲骨文，后来生变自发"四"音的口型；伸四指或四指包住拇指出拳打人，均为四横，都是形象描述，而出拳向天或发"四"音口型，其外廓都是写意的方框，下部四指横曲线成写意描述，中指和无名指下部弯曲分居框中。这就是"四"字。

"四"的文化含义，是时空之象，与"四象""四分"相关。从天文历法上计，"四"即"黄帝四面""四仲中星"之谓也。一年四季的春分、秋分、夏至、冬至（谓"两分两至"）就是"黄帝四面""四仲中星"的内涵。四正立则八极分，故四字中含八字。八八六十四，六十四卦即周天六十四公度年之谓也。故《易·系辞》曰："易有太极，是生两仪，两仪生四象，四象生八卦。"两仪者，阴也。其源自对日落日出的历久细察，产生出"四象"：日出为东，日落为西，与东西向垂直相交的则是南与北。空间之象的四个方位，在汉字的造型中明显可见。繁体"東"，日在木中，为旭日东升；西，鸟栖巢山，太阳西沉，百鸟归巢；南，草木繁茂，向阳之处；北，两人相背，为背阴之处。古人还以四大神兽为代表：东方青龙，西方白虎，南方朱雀，北方玄武。古代四象又称"四马""四绳"。四马者，四时之马，春夏秋冬，溯望晦弦之谓也；四绳者，准绳也。天地万物莫不以此为准也。空间"四象"与时间"四分"，正是人们对太阳沿黄道摆动、气温冷暖、草木荣枯现象细细观察后的结果。这两个概念为人类认识天地与世界，开拓了一个崭新天地。八方八卦正是在"四分"的基础上而来。

中华文化中，"四"是个吉数，有很多东西都与它相关，并且还与"八"携手并出，如时令节气是"四时八节"，周边各处是"四面八方"，容貌体态是"四平八稳"，交通发达是"四通八达"，办事妥当是"四停八当"。"四"也与"三""五"结缘，诸如"三从四德""说三道四""朝三暮四""颠三倒四""丢三落四""推三阻四""四舍五入""四书五经""四分五裂""五湖四海"等。看其形，"4"是胜利的旗帜，永远属于忘我奋斗的人，卢梭发明的简谱中，"4"的发音是"发"。祥瑞灵物有麒麟、凤凰、龙、龟为"四灵"；以尧舜时期的部族首领浑敦、穷奇、梼杌、饕餮为"四凶"（因其恶名昭彰）；五行学说以相生、相克、相乘、相侮为"四相"；以阴历正月初一为岁、时、月、日之始，称"四始"。古代有"四大发明"：造纸术、指南针、火药、印刷术。中医看病用"四诊"（望、闻、问、切）。人生有"四喜"（久旱逢甘露、他乡遇故知、洞房花烛夜、金榜题名时）；"四美"（良辰、美景、赏心、悦事）。古代妇女有"四德"（妇德、妇言、妇容、妇工）。清代有"四大公害"（抽烟、吸鸦片、赌博、嫖娼）。

在我国三教文化中，"四"亦甚众。儒家以孝、悌、忠、信为"四德"；以修身、齐家、治国、平天下为"四基"，即把格物（推究事物的道理）、致知、诚意、正心作为"修齐治平"的基础；以德行、言语、政事、文学（文章博学）为"四科"。道家以道、天、地、王（以人）为"四大"；以天师道（五斗米道）、太平道、正一道、全真道（道释儒三教合一）为"四道"；以值年、值月、值日、值时的神为"四值功曹"；以传授、赏善惩恶、斋戒、诵持为"四规"；以内丹、存思（存想神物）、引导沐浴、服食烧炼使得长生不死、羽化登天为"四法"。佛家有"四大皆空"之说，以地、水、火、风为"四大"；以苦、集、灭、道为"四谛"；以文殊、普贤、观音、地藏为"四大菩萨"；以五台山、普陀山、峨眉山、九华山为"四大名山"（也称"四大道场"）；以持国、增长、广目、多闻四大护世天王为"四大金刚"；以释迦牟尼、大日如来、弥陀如来、释迦如来为"四大佛像"；以佛诞、涅槃、成道、盂兰盆会为"四大节日"；还有"四生""四向""四摄"等。

在汉字文化中，不仅语音上有"四声""四呼"（开口呼、齐齿呼、合口呼、撮口呼），一个字有四个以上的读音，如差、着、和、啊等，而且造字也很特别。且说个小故事，据说国学大师章太炎，有三个美貌"千金"，却难以嫁出。原因就是他的三个"千金"名字构造十分奇特，使人不知其音与义。直至大师在一次大宴宾客时，专门讲述了其千金名字的音义后，才配上了如意郎君。原来女儿均为单名，笔画不多，长女名珏

（"展"的古字，极巧视之），二女名叕（lǜ，"缀"的古字）；小女名朤（Jǐ，《说文解字》释为"众口"。《辞海》音lěi，是"卟吢"的衍生物）。像这类由四个相同独体字相叠的字，还有"屮""又""火""木"也有四字相叠。还有一个图文结合、中外融合、吉凶相兼、顺逆可写的"四趣（奇）汉字"：卐，音"万wàn"。在世界四大最早的文字中，唯一留存且成为联合国五大工作语言之一的，就是汉字汉语。这四大文字是中国甲骨文字、埃及草纸（象形）文字、两河流域的楔形文字、印度的印章（象形）文字。

在中国文学艺术领域中，"四"多如牛毛。诗歌、散文、小说、戏剧为文学"四大体裁"。《诗经》有《四月》《四牡》，多为"四言诗"；秦始皇"焚书"后，坚持保存、传授《诗经》的有毛、鲁、齐、韩四家，称"四家诗"。《诗经》之后，诗体"四变"，有战国离骚体、西汉五言、歌行杂体、沈宋律诗；律诗八句，必有首、颔、颈、尾"四联"；东汉张衡的"四愁诗"已初具七言诗形式。启功常用"长、嚷、想、仿"四字评诗，人称"四字诗论"。唐宋以令、引、近、慢为乐曲"四体"，小说以篇幅长短计有长、中、短、微"四类"，情节有"四段"；京剧有"四大徽班"（三庆、四喜、春台、和春）、"四大声腔"（海盐、弋阳、余姚、昆山）、"四平腔"、"四类行当"（生、旦、净、丑）、丑角有"四美"（身段、唱念、心灵、滑稽）。戏剧名词多"四"：胡须有"四喜"，曲牌有"四门子""四边净"，曲调有"四工调""四平调"，演员工技有"四功"（唱、做、念、打）、"五法"（口、手、眼、身、步）。乐器有铜制

"四金"（錞、钲、铙、铎）、"四胡"、"四股弦"、"四大古琴"、锣经"四击（记）头"；曲艺有"四句推子""四明南词""四明文书""四川评书""四川扬琴"；道具有"四箱行头"（衣、盔、杂、把）、"四盔"（帅盔、草王盔、夫子盔、中军盔）、"四帽"（天官帽、乌纱帽、罗帽、毡帽）；传统剧目有《四进士》《四贤记》《四声猿》《四郎探母》《临川四梦》等。

书画艺术有"文房四宝"、"四体书"（正或真、草、隶、篆）、"四草"（草隶、章草、今草、狂草）、笔法"四锋"（中、藏、逆、露）、"拨镫四字法"（推、拖、捻、拽）、"四品书法"（用笔好、点画精、结构美、章法美）；国画有"四要"（活、鲜、有变幻、笔墨一致），以梅兰竹菊为题材的"四君子画"，"四大传统年画"（桃花坞、杨柳青、潍坊、绵竹）；又如"四雅""四友""四名花""四名绣""四大章石"如寿山、田黄、青田、鸡血；画有"四神纹""四美图"；等等。

评说名人"四"多多。秦末"商山四皓"，称孔子、孟子、曾子、子思为"四子"，东汉"四班"（彪、固、超、昭），"卫道四师"（孟子、郑玄、韩愈、朱熹），战国有"四君子"（齐孟尝君、赵平原君、楚春申君、魏信陵君），五代有"四公"（和凝、范质、杜祁、苏子容），南朝梁有"四裴"（裴姓黎、楷、弹、子野四兄弟），唐文坛"四友"（李峤、苏味道、崔融、杜审言），北宋"四真"（真宰相富弼、真翰林欧阳修、真中丞包拯、真先生胡瑗之），南宋"永嘉四灵"（诗人徐玑、翁卷、徐照、赵师秀），清"四僧"（和尚画家髡残、弘仁、朱耷、原济），甲骨文"四堂"（罗振玉、王国维、董作宾、郭沫若）；"初唐四杰"（王勃、杨炯、卢照邻、骆宾王），元"儒林四杰"（柳贯、黄溍、虞集、揭傒斯），明"吴中四杰"（杨基、高启、张羽、徐贲），"文坛四杰"（李梦阳、何景明、徐祯卿、边贡），现代"画马四杰"（徐悲鸿、梁鼎铭、张一尊、沈逸千），明代称唐寅、祝允明、徐祯卿、文徵明为"四才子"，近现代称辜鸿铭、刘师培、马寅初、胡适为"四才子"，称清华王国维、陈寅恪、梁启超、赵元任四学者为"四大师"，还有"吴中四学士""苏门四学士""程门四弟子""曾门四弟子"，明初"四先生"（刘基、宋谦、叶琛、章溢）和上海嘉定"四先生"（李流芳、唐时升、娄坚、程嘉燧），等等。

　　"四"虽是吉祥数，日本人却不喜欢，因其与"死"谐音（其实同音不同调）。据说日本人在中国不吃"四喜丸子"，当年中国外贸部在日本出售"红双喜"牌乒乓球，日本人很喜欢，却不买，因盒内装四个，后改为两个一盒，生意就兴隆了。韩国人也忌"四"，故韩国没有带"四"的楼、牌、房、座等号，军队也无"第四"的军、师、营……近年来，民间有些人也产生这种"舶来品"心理，不喜欢或不愿接受带"4"的车牌号、门牌号、电话号码等，其实大可不必。有的地方把"四"读作"细"或"洗"，因而闹出不少笑话和误会。据传，丽水有四位居民外出住店，为洗脸的先后顺序互相谦让，本是美德，却因"你先洗"被说成"你先死"，弄得路过房前的他乡旅客心急如焚，欲踹门相救。原来丽水方言中，"洗"与"死"同音。记得数十年前，在金华火车站，听见"卖棒冰，细分一块"一语，好生奇怪，原来当地的方言中，"四"

读"细"音，幸好我有丽水、金华的同学，核实后发现原来是这样。"四"数吉利不吉利，实凭个人想法。

"四"这个数目字，钱币交易用大写，大写字"肆"。《说文解字》："极陈也。"本义陈设，用作数目字，是假借（借用已有的字表示语言中同音不同义的词）字。这个"肆"还是旧时乐谱记音符号的一个，相当于简谱的低音"6"，还可做店铺的称号，如"茶坊酒肆"，也可用于指人的不正行为，如"肆无忌惮""肆意逞威""肆行无忌"。大写"肆"，与"肄"形似。肄，音 yì，《说文解字》："音异，习也。"意学习，修业。这两个字均左右结构，右边同，音为 yù，左边异，上下颠，肆上五下二（厶），肄上二（匕）下五（矢），书写和朗读时，务必注意。

"四"这个数字，意义宽泛丰富。

漫说“五”

　　“五”，其源有三：一、“阴阳在天地间交午也”。《说文解字》曰：“五行也，从二。阴阳在天地间交午也。”从甲骨文到小篆，其字形都为“Ｘ”，从“二”又从“Ｘ”，象二物交错之形。“二”表天地，“Ｘ”表四方的两线相交。古籍中，五、午通用。处于世界混沌之初的先民，认定周边前后左右四方后，自身便是中了，中就是午，午即是五。古人视自己在世界的“中央”，进而产生了“中国”“中华”之称。二、“五”是“四加一后所得”。五与四关系密切，四来源于“四象”，所指为四隅、四周、四极、四表，就是“四方”。这四方中有个重要方位就是“中央”，从而变成“五方”，人们常说“中央五方”或“东南西北中”。民间给受惊吓的孩子“招魂”，常说“哪方吓了哪方回，中央五方吓掉中央五方回，早点回来啊！”三、手掌象形说。孙实明认为，先民以手掌做“五”的上下边框，上部四指和掌心分为两半，且以交叉的“Ｘ”表示，上部三角形表四指，下部三角形示掌心大拇指、上下相合即手掌。（《汉字原来这么有趣》）郭沫若先生曾考据说：“数生于手，倒其拇指为一，次指为二，中指为三，无名指为四，一拳为五。”中国古代开蒙，素有屈指为数说，成语有“屈指可数”。

位居"四象"之首的"中央"观念，渗透在古人的"五行"说中。《尚书·洪范》曰："五行：一曰水，二曰火，三曰木，四曰金，五曰土。水曰润下，火曰炎上，木曰曲直，金曰从革，土爱稼穑。润下作咸，炎上作苦，曲直作酸，从革作辛，稼穑作甘。"可见，水、火、木、金、土的"五行"，又是咸、苦、酸、辛、甘的"五味"。古籍载有"天有六气（阴、阳、风、雨、晴、晦），降生五味，发为五色，征为五声"。秦王嬴政统一东方六国后，自称"始皇帝"。这个"皇帝"至高无上，它是从"三皇"与"五帝"中各抽取一字组成。五帝的中央之帝是五行属土，称黄帝，而黄帝则居于其他四帝（颛顼、帝喾、尧、舜或大皞、炎帝、少皞、颛顼）之上。在传说中，黄帝是中华民族的共同祖先，"五"也成了至尊之数。在古代传说中，五帝是五方天帝：东方青帝灵威仰，南方赤帝赤嫖怒，西方白帝白招拒（矩），北方黑帝叶光纪，中央黄帝含枢纽。这样的"五色"，这样的五帝，黄帝属土，土色黄，黄为中和至尊之色。黄色成了中国的"至尊"之色，历代帝王的冠、服，几乎都是黄色底子绣上龙的，皇后自然是黄底绣凤凰了。"五行说"在古代占卜术中广泛应用，与阴阳说、四象说、八卦说相勾连，变成了怪诞、深奥、难解的运算过程，出现了"五行相生相克"说法——所谓木生火，火生土，土生金，金生水，水生木；水胜（克）火，火胜金，金胜木，木胜土，土胜水。"五行"循环往复的过程，说法很多：儒家视仁、义、礼、智、信的"五常"为五行，视君臣、父子、夫妇、兄弟、朋友的"五伦"为五行；佛典视"圣行、梵行、天行、婴儿行、病行"为五行。五行亦是"五方",因东方属木,西方属金,南方属火,北方属水,中央属土,所以平日里人们只说"买东西",而拒言"买南北",其因不言自明。据说为此朱熹与其好友盛温如就有过一场"对话问答",说明这个"买东西"道理。

在其他文化领域中,"五"数随处可见。政治方面,职官中的五官(五官之长称"五正")、五品(古代称功勋的名目:勋、劳、功、代、阅)、五府、五路(帝王用的车辆,路即车)、五大夫、五等爵、五京道等;军事战术中的五兵、五刃、五戎、五车、五申、五军营等;刑律中的五刑(五种刑罚、法规、酷刑等)、五听(审案法中辞、色、气、耳、目之"听")、五禁、五戒、五马分尸等;科举教育中的五经、五学(也称"五院",指西周时设在王城的大学、东序、成均、瞽宗、上庠和辟雍,辟雍为五学之尊)、五贡(思、拔、副、岁、优五种贡生)、五魁("五经魁"的简称,指每经第一名)。相传明成祖朱棣自恃才华,欲显己才,在一次科考中,改了名字,装扮成一名举子,混入考场。不料发榜后发现自己是第五名,十分气恼。一怒而去质问主考官,主考官一边答:"连第五名还是勉强的哩!"一边抬头看,吓得魂不附体,原来是当今皇帝!朱棣怕传出去丢面子,一言不发,扭头就走了。主考官怕得罪皇帝,但金榜已出,不能更改,便在榜文上加了行注解:"第五名为前四名之魁首。"这就是"五经魁首"的来历。还有"五子登科",今有五爱、五讲。宗法礼俗中的五族、五属(五服以内的亲属)、五宗(始祖、高祖、曾祖、祖、父）、五礼（吉、凶、军、宾、嘉礼）、五教（同五伦）、五典（父义、母慈、兄友、弟恭、子孝）、五常（仁、义、礼、智、信）、五禁（宫、官、国、野、军之禁）、五伦即"五典"；宗教中的五功（伊斯兰教的念、礼、斋、课、朝功）、五戒（不杀生、不偷盗、不邪淫、不妄语、不饮酒）、五欲（佛学中指财、色、名、食、睡五种欲望）、五蕴（精勤修行，去名、利、食、色、睡眠五种覆盖本心之蕴）、五遁（佛教称五种借物遁形的法术：金遁、木遁、水遁、火遁、土遁）、五行（布施行、持戒行、忍辱行、精进行、止观行，或圣、梵、天、婴儿、病行）；五圣（五显公）、五体投地、五方大佛、五宗七家、五大明王、五百罗汉。在文学艺术中的五古（五言古体诗）、五绝（五言绝句）、五律、五际（诗经学术语，午亥之际为革命，亥为天门出入候听，卯为阴阳交际，午为阳谢阴兴，酉为阴盛阳微）、五更诗、五经与五经笥；五声（宫、商、角、徵、羽五音阶，也称"五音"）、五旦（戏曲角色行当中的闺门旦、小旦）、五绺与五嘴（演员化妆的假须）、五法（京剧指"手眼身法步"或"口手眼身步"）、五击头、五线谱、五重奏、五毒戏（梨园绝艺，其做工酷似五种有毒动物之形）、五调十艺、五音联弹（京剧曲调）；还有更多冠"五"的典籍作品，如《五蠹》《五箴》《五典》《五噫歌》《五君咏》《五奎桥》《五侯宴》《五龙祚》《五雅全书》等。中医学中的五内（即五脏，也称五中、五仓）、五伤、五志、五气、五邪、五实、五虚、五迟、五夺、五软、五腧穴、五会穴、五毒药。在天文时空有五纬（即五星）、五诸侯（星官）、《五星占》、五星连珠、五更（五夜）、五纪（岁、月、日、星、辰，历数五个古时记录气象称谓）；五月多闰月。在地理山川中有五带（气候）、五岭、五岳、五湖、五水、五汶、五河。

　　"五（伍、5）"是个躲不开的数。日常生活中，钞票面值有伍分（现在几乎不用）、伍角、伍圆、伍拾圆（"圆"即"元"），计算用的算盘档上每一颗珠代表五；圆周率π的八位数值，其第五位数是5，据说其第一百万位数必定是5。我们的国旗是五星红旗，上有一大四小五颗黄色五角星，世界上还有三十多个国家的国旗有五角星，只是颗数多少不同、颜色不一。人身有五体、五脏、五指（趾），常食五谷、五香、五辛、五荤、五牲，生五味；行为上有用五金（金银铜铁锡），求五福（长寿、富有、康宁、修德、善终，或长寿、平安、富贵、美德、无病），发毒誓，什么"天劈五雷轰"。这"五雷"是不离"五行"的，即金雷、木雷、水雷、火雷、土雷，分别指刀剑、铁器、车祸，棍棒、高摔下、木压住，游泳、水淹、生病、行中意外，火烧、电击、雷击，土埋、屋倒塌、高处摔物。甚至至今还有许多地方取名，仍按五行偏旁排辈分而定字，取辈分字领头加一别的字为名字，如金用"锡铨钟铎"，如锡林、钟祥；木用"相树桂"，如树森、相明；水用"汝治泽洪"，如汝槐、治平、洪忠；火用"炎炳焕"，如焕弟、炎标；土用"坚增圭"，如增豪、坚志。

　　更怪的是，姓氏和动植物也有"五"。"五"姓罕见，分布却广。汉代有五京，三国蜀有五梁，明代有五淮；春秋吴有伍员（即伍子胥，有"伍子胥过昭关，一夜头发白"的俗语），明代有伍崇曜，近代有伍廷芳（法学家、外交家），现代有伍修权（驻苏大使）。"五"姓始祖相传是黄帝臣子五圣配，也有说是源自"伍"姓所改。动物中的海星，其肢体有五个分叉，呈五角星状，马有五花马，蛇有五步蛇（蕲蛇，有剧毒），植物有五加、五味子、五倍子、五敛子、五色椒、五色苋、五灵脂、五爪藤、五针松、五香青木。其中五香青木最神奇，满身是"五"。《本草纲目》载："一株五根，一茎五枝，一枝五叶，叶间五节"，每部分都生在"五"上，颇似人的一手五指，一脚五趾，一脸五官。

在成语的组成中，"五"与"六"缘分最深，如五脏六腑、五颜六色、五合六聚、五脊六兽、五角六张、五黄六月、五雀六燕、五心六意、五运六气、五音六律；还有五大三粗、五湖四海、五劳七作、五花八门、五光十色等其他"五"组成的成语。俗语（谚语、歇后语）也不离"五"，如五十步笑百步、五岳归来不看山、五福之中寿为先、五百年前是一家、五马倒六羊、五十五，出山虎；五个指头——一把手，五更天星星——稀少，五个和尚化缘——三心二意，五百罗汉斗观音——兴师动众。

"伍"既是姓，又是正式票据"合计"处必用的大写数字。在运算中，多用阿拉伯数字"5"，它活像秤钩。有人曾这样戏说，任何公平的秤杆，也要它深入实际才能衡量事物的斤两；这个"钩"虽不起眼，但多少生灵中了它的奸计。这个"5"跟简化汉字"与"仅一横之差，书写时需慎之，莫混淆了。五千多年前，"5"就被广泛利用，当时有"五角星"

和"五根棍"两种表示方式。后来民间书信往来又增加了一种"V"符号。古希腊人视健康至高无上,"5"是健康向上的数字,此意在信中用五角星来表示。古埃及人使用"5",意为"宇宙",即冬、夏、日、夜交替运行的永恒规律。他们认为"5"是琴王星的化身。当出现"真理"与"邪恶"势力时,"5"象征着公平与正义,它们掌握在真理女神手中。

"五"的文化含义,原来这么丰富。

漫说"六"

翻昔日小报，见一怪事，说印度戈利帕特尔村，村名又叫"六指村"。村里有个庞大家族，共一百二十五人，人人双手有六个指头，六指是其家族标志，因此该村就名"六指村"了。

这个"六"是"五"数之后的数。其造型，从甲骨文到金文，都像结构简陋的房屋：介，故其本义是草庐，是一种建于田间或郊野做临时居所的房子。由于读音相近，"六"用作数字后，又另造一个从庐声的"庐"字替代其本义了。也有说"六"来自手势语言，即伸出拇指、小指，卷曲三指，手臂向下所表示的手语：上部的三角形表示手腕与手背，下部的两撇表示分头出的手指。

"六"的文化含义：一是四象加天地，二是三才加阴阳。故"六"是个神秘之数、"人道"之数。"四方"加"天地"的直接含义是空间性的。在中国古代典籍中，六合、六极、六区、六漠、六幽等词正是四方加天地之义。"天地"是随四时而变化的，它的空间坐标往往标志着某个时间，故"六"数就转向时间之象，且多以倍数出现。年有十二月，是六的两倍；月有三十日，是六的五倍；日有二十四小时，是六的四倍；时有六十分，分有六十秒，均是六的十倍。更有三十年为一纪，六十年为一甲子，一个圆周分为三百六十度，都与六相联系。我们若以"时空统一"与"空间周期"来看这个世界，"六"便成了四象加天地这一文化概念的表达方式，时空统一即人事变易，人的命运机遇。这样，"六"数就成了神秘之数了。《周易》中的重卦六爻，阴爻为六，阳爻为九，"六爻发挥，旁通情也"，以此推演，变化无穷。佛教认为眼、耳、鼻、舌、身、意六者是罪恶的根源，谓之"六根"，若六者皆消除，谓之"六根清净"。佛教上的六困、六行、六如、六度、六蔽（布施、持戒、忍辱、精进、禅定、智慧）、六念、六性、六妄、六欲、六通（神境、天眼、天耳、他心、宿住、漏尽六种神通力）、六凡四圣等，更是让人难以把握了；道教中的六神（各有神灵主宰人的心、肺、肝、肾、脾、胆）、六丁六甲（丁阴神，女，甲阳神，男）；相术中的"六贵六贼"；占卜中的"六壬"，八卦中的"六十四卦"，阴阳家的"六合"（以吉利日辰——子丑、寅亥、卯戌、辰酉、巳申、午未为六合），人信"六六顺"（六十六岁），却忌婚姻"六冲"（男女年龄相差六岁相冲撞，不合），都显得神秘莫测。就是伊斯兰教也有"六信仰"，即信真主、信天使、信经典、信使者、信前定、信后世和复生。

"六"的人道之数，领域广泛，内涵丰富。中医学中的"六气四时"，这六气指人体气、血、津、液、精、脉，又称"六脉"，中医将桡动脉的腕后显露部分分为寸、关、尺三部分，两手合为六部即六脉，脉象中有六阴脉（即平素两手六部脉等沉细而无病象者）；又有风、寒、暑、湿、燥、火六种气象反常变化为"六淫",以至春多风病,如伤风、风温、风湿;夏多湿病,如腹泻、湿温;秋多燥病,如秋燥、咳嗽;冬多寒病,如伤寒、痛痹。政域地名中有六国、六朝、六遂、六州、六乡、六街、六诏等政治地域,有六安、六合、六顺、六枝、六盘水、六尺巷和六必居等。后二者还有着感人的故事呢。安徽桐城,有一年张家与邻居叶家,因房屋占地发生纠纷,争执不休。张家人欲借朝中(张英是当朝宰相)势力,特致信张英,张阅后即写一诗寄回:"一纸书来只为墙,让他三尺又何妨。长城万里今犹在,不见当年秦始皇。"家人深受启示,便拆墙让出三尺,叶家感其义也后退三尺,这就是"六尺巷"的由来。山西临汾赵氏三兄弟(存仁、存义、存礼)经营"柴米油盐酱醋茶"七件物品,此乃人生活必不可少之物,但七物杂陈一库,唯茶叶最易串味,故弃茶而营六物,于是取店名为"六必居"。在古代官制中,有六部、六省、六院、六司、六科给事中,其职能多以六典、六傅、六卿、六职、六行、六艺、六军、六器、六察称之。在文化教育内容中,有六经(五经加乐经)、六乐、六书(指象形、会意、形声、指事、假借、转注六种汉字造字法)、六义(指《诗经》的风、雅、颂、赋、比、兴)、六艺(六经和古代六项教育内容:五礼、六乐、五射、六书、五御、九数)、六体(书法的六种书体)。音乐有六律、六幺、六英、六茎、六舞(六乐)。绘画美术篆刻,有六远、六彩、六多、六长(画指粗鲁求笔、僻涩求才、细巧求力、狂怪求理、无墨求染、平画求长,篆刻指粗鲁中求秀丽、小品中求力量、填白中求行款、柔弱中求气魄、古怪中求道理、苍劲中求润泽）、六要（画指气、韵、思、景、笔、墨，篆刻指有书卷气、古拙飞动、奇正合生、不逾古法、骨内停匀、分行布白）、六法（画指气韵生动、骨法用笔、应物象形、随类赋形、经营位置、传移摹写，篆刻指气韵生动、刀法古劲、布置停匀、篆法大雅、笔与刀合、不落俗套）、六面印等。戏曲艺术有六幺、六旦（贴旦）、六分脸（京剧脸谱）、六场（演奏乐器胡琴、月琴、南弦子、单皮鼓、大锣、小锣）、六场通透（兼善表演和音乐的多面手）。词牌有六丑、六幺令、六州歌头；诗歌有六言诗（诗体名，全篇每句六字）、《诗经》的《六月》和《六笙诗》（《南陔》《白华》《华黍》《由庚》《崇丘》《由仪》六篇的合称）、六一诗话、六一词、六字歌（即《生日歌》）；文学作品有《浮生六记》《六十年变迁》《六才子书》《六子全书》《六书故》《六艺论》《六韬》《六离门》《六朝赋》等。历史名人也多以"六"数，如六圣是指史圣司马迁、草圣张旭、书圣王羲之、医圣张仲景、画圣吴道子、诗圣杜甫，六子是指老子、庄子、荀子、扬子（扬雄）、文中子（王通）、列子，六贤指姜太公吕尚、管仲、李悝、商鞅、苏绰、高颎，六逸指李白、孔巢文、韩准（也作沔、裴政、张叔明、陶沔），六臣指唐代注释《昭明文选》的李善、吕延济、刘良、张铣、吕向、李周翰六人，六贼指宋末蔡京、朱勔、王黼（fǔ）、李彦、童贯、梁师成，六大家指清初画家王时敏、王鉴、王翚、王原祁、吴历、恽寿平，还有六君子、六一居士等称法。其中六君子最多，北宋有"苏门六君子"，南宋有宁宗时和理宗时的"六君子"，清末有"戊戌六君子"和袁世凯复辟的"筹安会六君子"（或"洪宪六君子"）；山西有六名将：霍去病（西汉）、关云长（三国）、单雄信（隋）、李世民、尉迟恭（唐）、狄青（宋）。此外，六畜指家禽，六谷指中国古代的六种主要谷物，粮食六陈指大米、大麦、小麦、大豆、小豆、芝麻六种粮食。"六"还是我国民族音乐音阶上的一级，乐谱用作记音符号，相当于简谱的"5"。

"六"做数目时念 liù，做地名和姓氏时念 lù。远古时候，东夷族部落首领皋陶，偃姓，其后代散居江淮一带，周王封他们在安徽六安一带建立"六"国。春秋时，公元前 622 年，六国为楚国所灭，国君后代以原国名"六"为姓氏。明代方孝孺的后代避难江阴时亦改姓"六"。"六"的大写汉字是"陆"，不做大写数目用时，念 lù，如陆地、陆军、光怪陆离；作为姓氏也念 lù。数学算式中的"六"则是阿拉伯数字"6"，是钩上挂"0"，形似倒"9"，所谓"六九不调头"，说的就是阿拉伯数字 6 与 9 不可胡乱倒写。在我国云南大理白族人民中，"6"是个神圣之数。他们有句俗语："六六三十六，起房盖新屋。"意为一个成年男子自立后，必须自建新房，到三十六岁仍难造房的，也要先下好石料，以示其造房雄心。青年男女订婚彩礼必带"6"，送钱必六十元、一百六十元或二百六十元等。送礼四色，一般是名茶一点六斤或三点六斤，红糖六斤或六盒，酒六瓶或六斤，盐六斤或十六斤。媳妇生孩子，娘家送礼，蛋少则六十个，多则一百六十六个。送孩子的东西要带"6"，小帽、小衣、小裤、小袜、小老虎鞋、小裹被等。送亲戚朋友、街坊邻居的礼也必带"6"，否则再重的礼物也会使主人感到晦气。白族人之所以视"六"为神秘之数，并特别崇尚"六"，是因为他们是唐朝"六诏"（乌蛮六部）的后裔，当时每诏年年要向大唐上贡一份，共六份，大唐回赠也六份；又取汉语"有福有禄"，"六""禄"谐音，"六（6）"是吉祥之兆，加上汉语方言"六"与白语"满足"语音相似，甚至北京祈年殿也有六种天文含义，即圆形与蓝色琉璃屋面象征天，三重屋檐象征天、地、万物，支撑建筑的二十八根木柱象征二十八星宿，殿中心四根龙井柱象征春夏秋冬四季，中层十二根金柱象征一年十二个月，外层十二根檐柱象征一天十二个时辰。

"六（6）"就是这样一个普通而又神秘的数目字。

漫说"七"

　　"七"是介于六与八之间的整数。"七"的古字是在一横画中间加一竖画（像今天的十字），表示划物为二，从中切断义。"七"为"切"的本义字。借用为数目字后，就在"七"的基础上再加刀旁，做切断的专字。从甲骨文到金文，"七"都与"十"同形，在小篆阶段，则竖笔的下半变成"竖弯竖"，逐渐变成今天的"七"。

　　"七"的文化观念显得很神秘，很难说清是崇拜还是畏惧，是偏爱还是厌恶。它的文化起源与"五"数直接相关。"五"数起自"五方"的空间感，在此基础上再把空间中的"上天""下地"合起来，正好是"七"方位，当然是立体的全方位。故，观念上"七"就易与"世界""宇宙""万物"相联系。七方位观念易与时间观念相联系，古人把日、月和肉眼能见的五大行星称为"七政"或"七曜"，把整个星空分为二十八宿，依方向分东方星宿、南方星宿、西方星宿、北方星宿，每个星宿为七宿，以七为律。又有八十八个星座（星区），其中大熊星座中有七颗最亮的星，形成像勺子的"北斗星"。

　　从传统上看，人们十分偏爱"七"。先秦多以"七年"为期，《论语》云："善民教人七年，亦可以即戎矣。"望星空，那里有美丽多情的七仙女，在七月七日（农历）这天有喜鹊搭桥为牛郎织女相会。算时间，以七日为一星期（周）。说政史，战国有七雄纷争、西汉有七国之乱、北魏七镇起义、明郑和七下西洋、七七事变、七千人大会。国外的有英七国时代、法七月王朝、印尼七省号起义、七年战争、七战七捷；就是兵器也有难得的七星剑。看宗教，佛教有七要素（地水风火空见识）、七宝、七珍、七佛、七级浮屠；道教有七十二地煞（北斗丛星中七十二个地煞星）；天主教有七德、七件"圣事"、七宗罪；基督教神话，说上帝用七日创造出世界；而伊斯兰教则认为真主"安拉"创造世界用了六天时间，在第七天休息，他们更喜"七"，信徒们祷告要说七遍，朝觐者回来后第七天请客，孩子出生后第七天宴请，婚后七日举行纪念，什么好事都离不开"七"这个吉祥数。讲文坛，墨客骚人有竹林七贤、建安七子，明代有"前七子"和"后七子"，唐宋有古文七大家；读诗词汉赋，首推枚乘《七发》，随后有《七激》《七辩》《七启》《七命》；更有《七步诗》《七哀诗》《七月》；音乐有七音阶：多来米发索拉西；古乐理将七声音阶称为七音：宫、商、角、徵、羽、变宫、清角；戏曲舞台有七行七科之说。文集用"七"命名的如：《七略》《七录》《七音略》《七志》《七国考》《七家诗钞》《七修类稿》《七部语要》。美丽彩虹有赤橙黄绿青蓝紫七色；论人生，人类赖以生存的地球有七大洲，南海的部分旧称叫"七洲洋"；地名多带有"七"，如七丘、七闽、七星关、七星岩、七盘关、七里村、七里泷、七亩塘、七角井；人生求职，离不开七十二行；开门七事，柴米油盐酱醋茶；人体之趣，"七"为周期。婴孩期到七岁，儿童期到十四岁，青年期到二十八岁，中年期到四十九岁，更年期到六十三岁，都是七的倍数。这个年龄段的巧合十分惊人。人一生中的生理、心理变化，都受制于人们的生物节律，而这个节律周期大多数人以七年为一周期。

神奇的数字"7"，连美国波音公司也与之结缘。它的第一架波音喷气式客机试飞成功后，公司就到美国联邦航空总署登记，通过检验，由于美国多数人信奉"7"为幸运数字，便以"707"为这架客机的代号。随之所有波音客机，无论哪种类型都冠"7"芳名，如"727""737""747""757""767""777"。

在数学计算中，7的神奇到了不可思议的地步。如任意一个一位数重复六次，或任意一个两位数重复三次，或任意一个三位数重复两次，其组成的六位数都能被7整除。$333333 \div 7 = 47619$，$888888 \div 7 = 126984$，$121212 \div 7 = 17316$，$565656 \div 7 = 80808$，$345345 \div 7 = 49335$；$678678 \div 7 = 96954$。又如，将任意一个能被7整除的六位数的首位移至末位，再将新六位数首位移末位……如是顺移，所组成的新的五组六位数，也都能被7整除。如$319746 \to 197463$，974631，746319，463197，631974。除以7的结果依次是：$45678 \to 28029$，139233，106617，66171，90282。再如，用1，2，3，4，5，6分别除以7，所得的商均为循环节有六个数字的循环小数，而且六个数字都一样，只是位置变动了一下。你可试一试。

然而，神奇而吉祥的"七（7）"数，又有人厌恶、畏惧。

民间有句天气谚语曰："七死八活九开眼。"意为初七不吉利，即雨雪霏霏，初八日若能止住，初十定能晴空万里。又有"七不出门，八不归家"之说，意为每月逢七之日不宜出门，每月逢八之日在外游子不宜回家，故常言"三六九无忌"。遇丧事，祭逝者，七天为一祭，有头七、二七、三七，直到七七四十九天才停了，称为"断七"；古代灵车谓"七星车"，停尸床谓"七星床"，停尸床和棺材板谓"七星板"。

近年更有人认为"七"夹在"六"与"八"间，此数不吉祥。"六"数连"大顺"、"八"数音谐"发"，粤语"8888"，就是"发发发发"。而许多烦心事，总让"七"开张，"七嘴八舌""七颠八倒""七拼八凑""七零八落""七手八脚""七窍生烟""乱七八糟"等。一句话，这"七"太不吉利。其实这一串烦心事也多未离开过"八"啊；再说，要是离了"七"，有"六"也难"顺"，遇"八"也难"发"。古人云"人生七十古来稀"，可如今"八十还是小弟弟"，"伞寿"（八十岁）、"米寿"（八十八岁）、耄耋之年多得很，七十岁以上者十分普遍。世界卫生组织2015年公布，全球居民平均年龄为七十一岁。"七"亦有其他一些表示美好的词，如七彩斑斓、七夕相会等。"七彩"即"七色"，我国的近邻泰国和柬埔寨最讲究"七色"，如泰国，七天七色：日红一黄二粉红，三绿四橙五淡蓝，只有周六紫红色。据说在大王城时期，受印度神话影响，认为每周七天各应对一颗星，并由一位神代表，每尊神的颜色亦异。曼谷王朝延续这种"颜色文化"，近年有点淡化，但人们仍爱依自己生日应对的颜色定为幸运色。前国王普密蓬生日是周一，代表神为月亮神，幸运色是黄色，所以他八十岁庆典会场、纪念品等都是明黄色的，博物馆都植开黄花的树。"七夕相会"，说的是牛郎织女的美好姻缘，和美家庭被王母娘娘活活拆散落入"盈盈一水间，脉脉不得语"的悲惨境地，幸亏每年七月七日之夜，天下喜鹊集结，巧搭天桥，让牛郎织女在桥上相见，互吐心话，虽仅一次，也就够了。正是"纤云巧手，飞星传恨，银河迢迢暗度。金风玉露一相逢，便胜却人间无数。柔情似水，佳期如梦，忍顾鹊桥归路。两情若是久长时，又岂在朝朝暮暮！"（宋·秦观·《鹊桥仙·纤云弄巧》）。也就在这一夜，华夏各地妇女，感恩织女在人间时，向妇女们传授超群的织锦绣技术，都要祭祀牛郎星与织女星，向织女"乞巧"，即求得灵巧，并称"七夕"为"姑娘节"。宋代，有的地方结三层乞巧楼，"张锦绣，陈饮食，树瓜果，焚香于庭"；望月瞻斗，依次列拜，祭祀完毕，正式乞巧。七枚针，五彩丝线，望月穿针，谁穿得多，谁就得巧多。各地方法不一，或镜照盆水映月比瓜果多少，或蜘蛛关盒看结网疏密圆正，或……当然，"巧"不是靠"乞"而得，是靠练的，一回生，二回熟，三回巧，熟能生巧。

"七"的大写字是"柒"。还有一个字与柒同结构的"染"字，都是上下结构，下同（是"木"非"杀"也）上异右边，柒为"七"，染为"九"，莫把"九"写成"丸"。认真书写，不要误认错用。

漫说"八"

本章就说说这个"八"字的文化含义。

民间有"八字还没一撇"和"七不出门，八不返（回、归）家"之说。前一句本指八字第一个笔画还没有写完，意说人的命运还未算准，并引申出事情才开始，好坏成败还不清楚；与"八字"连在一起，是因为八字是古人用以指人出生的年、月、日、时四项，每项两字，共八个字，在古人看来，"八字"决定人的命运，今之人也多受影响，看重这"年庚八字"来行事。后一句指逢七日子，即每月初七、十七、廿七不出门做生意，因逢七出门不吉利；逢八的日子，每月的初八、十八、廿八，凡在他乡游历的人不宜归家，因这日是分离日子，亦不吉利。两种说法均与人们求平安、求成功、求美好、求福泽的心理相关。

那"八"又何以是"分离"呢？汉字"八"，其甲骨文、金文、小篆的图形基本相同，均由两条相背、分开的曲线构成，是一种近似符号性质的指事（"六书"造字法之一）字。《说文解字》云："八，别也。象分别相背之形。""八"的本义是将物分开。有人曾这样戏说："八"字无底，上小下大，进小出大，入不敷出；"八"字似房，房顶有裂缝，屋漏遇雨，惨状难堪；"八"字似山，无顶"火山"，伴火而居，何得安宁？"八"字是假借为数字用，久之，人们只知八字为数，不知其本义，也十分自然了。

作为阿拉伯数字的"8"，有人又这样戏说："8"字横切，是两个"0"者，一无所有；"8"字纵切，是正、反两个"3"，正反相抵，亦一无所有；"8"字正看，一是两个"蛋"相叠，蛋卵圆滑，相叠难久，险局随生；二是正反两个"S"相拼，"S"形似钩，两钩相缠，钩心斗角，难舍难分，都不得安宁。早前的商家，忌讳"八"，除前文所言"七不出，八不归"外，鲜鱼水货禁"七上八下"。但时过境迁，人们的观念生变，到 20 世纪下叶，这个"八（8）"却极受人们青睐。据说湖南长沙，拍卖一个电话号码——908888，售价高达三十万元。为什么这样一个"无吉"之数会变得如此"吉祥"呢？其功全归"谐音"。八，念 bā，发，念 fā，二者同韵，"八——发"一直升温。好兆头啊！"八"形虽上小下大，近乎三角形（△），却像个"入"。入者，收入也，三角形的最大特点是具有稳定性；下大，意味着生意越做越大、越来越红火，稳固而不衰。以"8"之形，上下一样，无角无棱，做到上下满意，能左右逢源，任凭你怎样颠来倒去，总还是"8"；"8"横过来看，是数学符号——∞，意无穷大，如果生意做到无穷大，或官越做越大，这岂不是可求、可喜、可贺之事吗？这"八""8"自然又成了个吉利之数。

旧社会，穷苦人中文盲多，尤其妇女多不识字，丈夫在外卖力赚钱，捎钱或写信回家，往往借助于图画。有这样一个故事：有个聪慧的妻子，接到丈夫托人带来的钱币和一封画信，见钱数与"画"意不符，就与带钱人据理力争，并打开丈夫的画信让那人看，说："一棵树，上有八只八哥，还有四只斑鸠。这不是表示'八八六十四加上四九三十六'吗？分明是一百钱而不是五十钱。"那人无言以对，只好把本想扣下的五十钱如数补足。有人曾以"8"为谜面，让人猜两个谜：①打毛泽东《为人民服务》中的一句话；②打五字俗语一。原来谜底分别是：团结起来；一环扣一环。

"八"字下面加把"刀"，为"分"。"八"字来源于"四"的两倍，又有了"八方"：由东、南、西、北四个方位变成八个方位，即多了东北方、东南方、西南方、西北方，或曰"四方四角或八维"，生成了原始的八数概念。古籍上有"廓四方，拆八极"或"四象生八卦"之说。这"八方观"将人们生活中的各空间推向极处。在中国文化中很多地方都讲"八"，以八为威仪，以八为宝贵。八方来仪叫隆重，八面威风才叫威风，八方之神为众神，才深德高叫八斗之才，路路畅通叫四通八达，花样繁多叫五花八门，机巧透亮叫八面玲珑，空间叫四面八方，时间叫四时八节，时空统一称"八卦"或"八八六十四卦"……"八"指《周易》中"震、巽、离、坤、兑、乾、坎、艮"八个字，"卦者，挂也，言悬挂物象以示于人，故谓之卦。"（《周易正义》引《易纬》）《周易》中的八种基本图形，用"—"和"——"符号，每卦由三爻组成，由六爻即两个经卦组成六十四卦，称"别卦"。以"—"为阳，以"——"为阴，名称为上述八个字，认为八卦主要象征天、地、雷、风、水、火、山、泽八种自然现象。每卦又象征多件事物，并认为"乾""坤"两卦在八卦中占特别重要地位，是自然界和人类社会一切现象的最初根源，与方位、自然、品性、动物、人身、数字、五行、颜色、家庭等许多方面相关。真是：春三八，秋四九，夏二七，冬一六。左青龙，右白虎，前朱雀，后玄武。东震木，西兑金，南离火，北坎水。东甲乙，西庚辛，南丙丁，北壬癸。乾父天，坤母地。这八卦，真稀奇！

　　"八"数在中国人的文化观念上，是把世界看成是有序的、可理解的、可把握的基数。在政治上、生活中，都体现出中国人这种"有序性"的世界观。在中国古代，这"八"是个极数，为皇帝所垄断。皇帝个人行为与政治活动均以八为数：祭祀用的祭器，为"八簋"（簋 guǐ，盛食器具，多圆形，两耳），驾车用的铃为"八鸾"，行使权力的八枚印章为"八宝"，驾驭群臣的权术为"八柄"（爵、禄、予、置、生、夺、废、诛），统率万民的手段为"八轮"（亲亲、敬故、进贤、使能、保庸、尊贵、达吏、礼宾），行政事务称"八政"（食、货、祀、司空、司徒、司寇、宾、师，或饮食、衣服、事为、异别、度、量、数、制）。周穆王的八匹马（赤骥、盗骊、白义、逾轮、山子、渠黄、华骝、绿耳）叫"八骏"；古代贵族出行，有八卒骑马前导叫"八骓"；古代官制有"八座"，如东汉以六曹尚书和尚书令、仆射为八座（曹，古时分科办事的官署；仆射，由仆人、射人合成，本为君主左右之小臣。始于秦代，凡博士、侍中、尚书、郎等官都有仆射，意即其中的首长。东汉之后只存尚书仆射，为尚书台的副长官）；古代司法对死罪犯判决有"八议",即司法部门必须上奏皇帝,召集有关大臣讨论决定的制度;古代官员往来和文书传递的驿路上有"八驿",即指驿亭、驿馆、驿站、驿官、驿卒、驿马、驿券、驿书等八个与"驿"相关的名称;元代的特殊户口政策叫"八户职业集团";苏轼说"文起八代之衰"的"八代",指东汉、魏、晋,南朝的宋、齐、梁、陈和隋朝;清代三品以上官员出京要"八抬大轿",且银顶皂色盖纬;清代满族的社会组织形式为"八旗",即努尔哈赤初建的正黄旗、正白旗、正红旗、正蓝旗和后来增设的镶黄旗、镶白旗、镶红旗、镶蓝旗,称"八旗"(旗,满语"固山");明清时福建称"八闽"(因宋元时分为八州、军或府、路);浙江有"下三府上八府"之说,这上八府指浙江中南部的明州(宁波)府、绍兴府、台州府、婺州(金华)府、衢州府、严州(建德,即今新安江)府、处州(丽水)府、温州府;宋元时期,贵州惠水一带的少数民族被称为"八番"。

以"八"为尊贵的思想,也体现在其他领域中,儒家倡导的道德修养和立身治世的八个步骤,称为"八目",即格物、致和、诚意、正心、修身、齐家、治国、平天下。三国蜀相诸葛亮谈将,说"为将之道,有'八弊',即贪而无厌,妒贤嫉能,信馋好佞,料彼不自料,犹豫不自决,荒淫于酒色,奸诈而自怯,狡言不以礼。与军事相关的,箭有"八矢",用兵有"八阵图""八阵法",军有"八字军"(南宋)、"八路军",上海南京路上还有个"好八连"呢。宗教有"八卦教",道教有广为流传的八位神仙故事"八仙过海",佛教徒修身有"八则"，教职有"八称"，人的感官有"八识"，教徒手中的器物为"八标"，在家教徒有"八戒"。人生有"八苦"，佛教名词有"八风"（利、衰、毁、誉、称、讥、苦、乐），等等。天文有"八"，自然天体"八大"（恒星、星云、行星、卫星、彗星、流星、星际、尘埃）；其中行星有"八"（水星、金星、地球、火星、木星、土星、天王星、海王星）；月亮有"八相"；《吕氏春秋》中有"八风"。山川命名用"八"的，如安徽淮南八公山、湖南彬州八面山、天津八仙山、台湾八卦山等，古代湖泽有"八薮"，关中长安附近有"八川"，太行山有"八陉"，关隘有"八关"，海洋有"八度海峡"，南太平洋岛国图瓦卢称"八岛之群"。风景名胜的"八"更多，明清时有"八陵"、绍兴有"八字桥"，江南宁冈有"八角楼"，金华有"八咏楼"，陕西有"八云塔"，辽宁有"八棱观塔"，甘肃民乐有"八卦营墓群"，北京西山有"八庙"，至于全国各地的"八景"则难以计数，甚至有的乡村也有"八景"，还有带"八"的名瀑布、名泉、名楼、古梅、碑林、奇洞、斜塔等。史事有西晋皇族争权的"八王之乱"事件；近代史有"八大事件"（两次鸦片战争、太平天国运动、义和团运动，中法战争、中日战争、戊戌变法、辛亥革命）；八大"危害最大的不平等条约"；"八大"清朝宫廷奇案疑案；"八一"南昌起义；"八七会议"；"八一三事变"；上海淞沪抗战及"八百壮士"；"八六海战"。汉字和书画有"八种"基本笔画，秦书有"八体""八分"，书法艺术有"八与""八法"，即"永字八法"；古代论画有"八格"，画派有"八家""八人画家"，书画家有"八大山人"，画有"八相图""八景图""八极图""八宝图"。古人说作诗要守"四声"（平、上、去、入），要避"八病"，即平头、上尾、蜂腰、鹤膝、大韵、小韵、旁纽（大纽）、正纽（小纽）。诗有"八哀诗""八音歌""八角鼓"等。京剧角色有"八旦"（即正旦、花旦、彩旦、小旦、武旦、刀马旦、奴旦、老旦，或说青衣旦、帖旦、刁旦、闺门旦、武旦、帅旦、小丫鬟、老旦）；曲牌有"八岔"。苏州评弹有"八技"，皮影戏剧有"八步景"，古代音乐有"八音"（金、石、丝、竹、匏、土、革、木）。就是四大名著之一《三国演义》也有最精彩的情节"八献"，即孙策献玉玺、王允献貂蝉、曹操献刀、庞统献连环、阚泽献降书、黄盖献苦肉、孔明献空城、张析献地图。中医有"奇经八脉"，认为人生有"八坎"，闷气有"八伤"，人体有"八力"，与房事相关的有"八谷"，健康要素有"八心""八诀"，针灸有"八会穴"。武林有"八极拳""八卦连环掌"。健身有"八段锦""八节体操"；养生延寿有"八乐"、"八信"、"八悦"、"八字"（童心、蚁食、龟欲、猴行，或勤正坦深创韧情喜）、"八戒"（疑妒卑傲躁愁惧悲）、"八时"、"八忘"、"八动"、"八事"等。科举考试用"八股文"，有朱熹讲学著书的"八大书院"，仙居有八正书院。礼俗有"八拜"（古代世交子弟见长辈或好友相约为兄弟关系的礼节——拜八拜），异姓义结金兰的"八拜之交"，最有名的八个"××之交"（知音、刎颈、胶膝、舍命、生死、管鲍、忘年）；民间宴席有"八大碗""八宝饭""八宝粥""腊八粥"。北方重属相，南方重八字，算命择日的"八字"在婚配上说法多多，如"蛇盘兔必富"，鼠牛、虎猪、龙鸡、蛇猴、马羊、兔狗都相配;"白马怕青牛,羊鼠一旦休""蛇虎如刀错,兔龙泪相流,金鸡怕玉犬,猪猴不到头""龙虎斗""狗挫羊"都不相配。旧时很讲究,事实也多有不相符的;旧时丧事讲"八步",即停尸、招魂、报丧、吊唁、入殓、出殡、安葬(下葬入土)、持服(居丧守孝,三天内送洗脸水,上新坟扫墓)。建筑设计有浙江的"八卦村",陌生人进村难以出村。名人集称更多:远古有传说中八个才德之士叫"八元""八恺",魏晋时有"八达",西汉有"八公",清有画家"扬州八怪"和民间艺人"天桥八大怪"。"八仙"有传说中的"神话八仙"和均在蜀中得道成仙的"蜀八仙",还有唐代"饮中八仙",20世纪20年代文坛有"双八仙"。"八大家"有"唐宋八大家"、"史学八大家"、明清画"金陵八大画家"、诗"海内八大家"、"骈文八大家"与台湾"闺秀文学八大家",唐有"八司马",南朝齐有"八友",北宋有"八贤"、(杨家)"八子"、智取生辰纲"八好汉",明有"嘉靖八才子",等等。成语词中的"八"都含有极多或极大之意的,如"八荒之外""八街九陌""八百孤寒""八方支援"以及"八表""八极"等。

据史料记载,朱元璋任命郭桓为户部侍郎,可郭却勾结地方官吏,贪污政府钱财,数目达二千四百万石精粮,相当于当时全国秋粮实征之数,案涉十二个朝廷大臣及万余地方官吏。朱下令将涉案人斩首示众,又为解决"钱谷之数,用本字(小写数字)则奸人得以盗改"的问题,才"取茂密字(笔画多的字)易之",故"八"的大写字为"捌"。这是个再造字,古汉语中，"八""别"古音相近，且"八"字的构字形为撇捺分叉，象分别相背之形，世人用"别"作声旁，添加提手作形旁。这样，捌字成左中右结构，其义有二：①用手分开，《说文解字》谓"破也，击也"。②农具"无齿耙"。《说文解字》谓"方言云，无齿耙，从手，别声"。颜师古注"捌耙"："无齿为捌，有齿为耙，皆所以推引聚禾谷也。"

二笔八，一撇捺，写不慎，变人入。本别离，今序数，虽简单，内涵富。十笔捌，（提）手另（则）刀，左中右，字方正，靠紧写，钱币上，专用捌。八与捌，莫混用！

漫说"九"

　　有个小名叫"九"的老汉，家人对他十分尊重，回避说"九"，其儿媳连带有九音的字都回避。老汉常在人前夸奖儿媳妇贤惠聪明。村里有九个老头与其相约打赌。若果真不说"九"，九老汉就赢一桌酒菜；若说了"九"，老汉九就输一桌酒菜。次日，九个老头趁老汉九未在家，就每人左手提酒，右手捏把韭菜，来到老汉九家门前，要他儿媳转告老汉九，务必说清几个人拿什么来找他，说完假装离开，却悄悄躲在墙角静听。不久，老汉九回到家中，儿媳对他说："公公，刚才有四公加五公来过，他们每人左手提个扁扁壶，右手捏把扁葱，约公公到对面小楼喝几盅。"九个老头听罢，只好认输。

　　这个故事中的九，就是表示数目的"九"。从甲骨文字形看，与今表示"九"的手势语言相似，都像人的手臂弯节的形状，指手肘，"九"本为"肘"的本字，借作数目字用后，"九""肘"不同义了。古人造数目字，从一开始到九，认为"九为数之极"。在十进位计数方式中，"九"是最大数，是阳数中的极数，再大的数其尾数也大不过九，一旦逾"九"，就是对"零"数的回复。《述学》（清·汪中）云："一奇二偶，一二为数，二加一则三，故三者，数之成也。积而对十，则复归为一，十不可为数，故九者，数之终也。""九"之义，首先是个数目，实指数量。如成语有九儒十丐、九九归一、十拿九稳、三六九等、十年九不遇等。其次是特指，一指冬令时节一段寒冷的日子，即数九寒天的"冬九九"；二指卜卦中的阳爻，即月逢九（一阳）日又逢九的"重阳"。再次是泛指数多。汪中说："凡一二所不能迟者，则约之以三，以见其甚多；三之所以不能迟者，则约之以九，以见其极多。"如成语九牛一毛、九死一生、九牛二虎之力。所谓"天下黄河九十九道弯"，谓黄河"弯"多得数不清。在中国文化中，这个"九"数蕴含着登峰造极的文化含义，极富神秘色彩。

古人以奇数为阳，偶数为阴，奇数象征天，偶数象征地。"三"为阳数，九是三的自乘数，故"九"为阳之极数，谓之"重阳"，就是"九九重阳节"之源。由"九"的倍数派生出来的数字备受人们崇尚。如宗教文化中，道教有九仙、炼丹"九转丹"、三十六洞天、七十二福地；佛教有九子母、九天玄女、十八罗汉。唐玄奘西天取经历经"九九八十一难"而成功，鼓楼击鼓与寺院撞钟一百零八下。在风景名胜文化中，山有九华山、九侯山、九巍山、九仙山、九顶铁刹山、名山十八盘、三十六湾、巫山七十二峰；沟寨河湖，有九曲溪、九寨沟、九龙池、九鲤湖、华夏九大瀑、浙江九西湖、济南七十二泉；塔殿寺宇，有九顶塔、九间殿、九大名楼、九龙壁、天坛祈年殿七十二长廊。在文人贤士文化中，有医界九祖（黄帝、扁鹊、华佗、张仲景、葛洪、孙思邈、钱乙、宋慈、吴谦、李时珍）、九僧（和尚）诗人（希昼、保暹、文兆、行肇、简行、帷凤、宇照、怀古、惠崇）、画中九友（董其昌、王时敏、王鉴、李流芳、杨文骢、张学曾、程嘉燧、卞文瑜、邵弥）、九叶诗人（辛笛、陈敬客、杜运燮、杭约赫、郑敏、唐祈、唐湜、袁可嘉、穆旦，因他们的诗集之名有"九叶"而名）、清初九子（指清初居易堂的魏禧与兄魏际瑞、弟礼以及彭士望、林士益、李腾蛟、邱维屏、彭任、曾灿九人）、话剧九家（田汉、欧阳予倩、郭沫若、老舍、曹禺、洪深、夏衍、焦菊隐、黄佐临）；孔子七十二贤士、孙悟空七十二变，十八般兵器和十八般武艺，岳飞能"使三十六个翻身，七十二种变化"，水泊梁山的三十六天罡星、七十二地煞、一百单八将等，都是九的倍数。在文艺与典籍作品中，诗歌有《九罭》《九歌》《九章》《九辨》。仙居民谣《指纹歌》更是富有情趣：一箩穷，二箩富，三箩开当铺，四箩换刀枪，五箩杀爹娘，六箩六，卖猪肉，七箩把官做，八箩八，做菩萨，九箩九，样样有。满手箩有的挪（拿），满手箕有的嬉。乐舞曲调有九宫、九宫大成谱、九韶、九部乐，戏曲有《九件衣》《九斤姑娘》；典籍有《九丘》《九国志》与九部儒家经典的合称《九经解义》等。

在政治文化中，"九"成了帝王之数。凡城门数、宫殿数、门钉数，多以九计。如紫禁城"宫阙九重"，太和殿"九开间"，故宫门钉取九九八十一颗；宫廷器物，贯以"九"字、九龙杯、九龙壶、九龙柱、九龙壁……帝王乃"九五之尊"，王权礼器"九鼎"，"普天之下，莫非王土"的土地为"九州"。法律有《九章律》，一人升官，九族皆荣；一人犯罪，九族株连。"九"视为天的象征，天分九层，"九天""九重天"，天诞日为正月初九，像极高的"九霄云外"，极广的"九州方圆"，极深的"九泉之下"，极冷的"数九寒天"，极热的"夏九九"。各地有不同的"九九歌"，如江浙沪的"冬九九歌"是："头（一）九暖，二九寒，三九冻得百鸟乱。四九腊中心，冻死腊虫精。五九四十五，刀暂不入土。六九五十四，再冷无意思。七九六十三，衣帽两可挽。八九七十二，猫狗卧阴地。九九八十一，百草报青叶。"长江以南的"夏九九歌"是："夏至入头九，羽扇握在手。二九一十八，脱冠着罗纱。三九二十七，出门汗欲滴。四九三十六，卷席露天舒（宿，或"浑身汗湿透"）。五九四十五，炎秋似老虎。六九五十四，乘凉进庙祠。七九六十三，床头摸（或摆、换）被单。八九七十二，子（半）夜寻被子（或棉被，或夹被）。九九八十一，开柜拿棉衣。"

"九"与"久"同音联义，人们不免想到亲情友谊，祝愿"人长久""情永在"。三国魏文帝曹丕在《九日与钟繇书》中写道："岁月往来，忽复九月九日。九为阳数，而日月并应，俗嘉其名，以为宜于长久，故以享宴高会。""九"谐"久"音，视为吉利之数。据说北京故宫紫禁城里共有房屋九百九十九间半，就因为"九"谐音"久"，象征皇权永久、江山万代的缘故。古诗词更有以"九"寓"久"的，如"十字令"中，写泥菩萨"七窍不通，八面威风，久（九）坐不动，十分无用"；斥汉奸"七窍皆黑，八方遭恨，九（酒）后无德，十恶不赦"；诉贪官"三年任事，四方贪污，五脏俱黑，六根不净，七大罪过，八年徒刑，九泉受祸，十恶不赦"；颂廉官"一尘不染，两袖清风，三思而行，四方赞誉，五湖四海，六神镇定，七情安然，八路作风，九泉无愧，十分可贵"；鄙烟鬼"一嘴黄牙，两眼发燥，三口吐雾，四时洞衫，五脏受害，六腑熏黑，七月秋咳，八成肺坏，九（久）伤世风，十财东流"。有个外甥劝舅舅戒酒（因舅舅是个"酒鬼"），就利用"九""酒"谐音而写了一封"数字信"："99：879，379，154，722，806，905；974，435。99啊，1·9，817！"其中1、2、0依电话通信业务的读法，有的"1"谐"要"，"2"谐"两"，"0"谐"动"。"3"谐"常""罪"，"4"谐"事""死""实"，"5"谐"误""武""苦"，"6"谐"怒"，"7"谐"吃"，"8"谐"不"，"9"谐"舅""酒"。按此谐音读，亦颇有情趣。再如澳门邮票上有副数字对联："八四九八一六八；三二二三八六三"，就谐读为"发市久发一路发；生意易生发路生"。

"'九'字文化是建立在'三分法'宇宙观与方法论基础之上的，其基本观点是'一分为三。'"（子威《神奇的数字文化》）西方人重视"一分为二"，强调对立斗争，中国人强调"一分为三"，趋向"一对夫妻一个孩"式的"统一和谐"。二者合之，"九"就成了"对立统一"的意义了。中国人"二维"（平面）分九，有了扑克、魔方、九宫阵，这些都可看作对"九"数的智巧性运用，显示了"九"数的"变化无穷"，具有了"不可知""神秘"的含义。宗教活动多与"七""九"打交道，就是这个缘故吧。

极数"九"在十进位制中是最大的数，显得神奇。若把1

至9的九个数相加，得45，那么，4+5＝9。若用9乘以任何自然数，所得出的答案数相同，结果总是9。9×2＝18，而1+8＝9；9×8＝72，而7+2＝9；9×72＝702，而7+0+2＝9；9×183＝1647，而1+6+4+7＝18，1+8＝9。若取任意一个数（如853），将其颠倒（358），再用大数减去小数，你定会发现答案总会被9除尽。若再取任意一数，把每一位数相加所得的和，再用所取数减去所加的和，其所剩之数总能被9除尽。如：[5843－（5+8+4+3）]÷9＝647。更奇妙的是"九余数"。在除法中，用9做除数去除一个整数，所得的余数就是这个数的九余数。并且你会发现：一个数的九余数恰好是这个数各个数位上的数字之和；若其和大于或等于9，那么再减去9的若干倍后，就能得出它的九余数。如13→1+3＝4，72→7+2＝9→9-9＝0，313→3+1+3＝7，95→9+5＝14→14-9＝5。整数是无穷无尽的，但整数的九余数却只有几个，即1，2，3，4，5，6，7，8。可见九余数确实很有趣！

总而言之，极数"九"既是神秘奇妙之数，又是吉祥乐人之数。它的大写字是"玖"。"玖"原本指次于玉的黑色美石，唐代武则天执政后，因音同而假借为"九"的大写字，多用于货币的书写。数学计算之"九"，要注意"6""9"不调头。我国少数民族蒙古族把"9"视为吉祥之数。据说铁木真（1162—1227）出生时的摇篮，就是用九个柳环编制而成的。当时，婴儿初入摇篮，还要举行仪式，铁木真入篮仪式上的摇篮里铺着九张洁白的羔羊皮。1206年，铁木真当了大汗——

成吉思汗时，庆祝了九天，喝了九百缸马奶子酒。成吉思汗"向不儿罕山行九叩礼"，同时"升起九足白旄"。大概从那个时候起，蒙古人就视"9"为吉数了。比如敖包会记得"布盔"（冠军），可荣获九十九种奖品和一峰银鼻梁的骆驼；婚宴上唱的是《九十九礼歌》；拜谒成吉思汗陵时，用的是九种祭品；哈达以九尺长的"郎翠"为最佳等。然而，日本人却忌"9"。因9的发音与"苦"字的发音相近，故送九件物品给朋友就意味着给朋友带来苦难。

一句话，"九为数之极"，神奇又吉祥。

漫说"十"

众所周知，数字一旦到了十，就要回过头来，从一开始再循环。"十"的本义为壹拾，是比九大一的整数。在银行账单中写作"拾"；在数学计算中写作"10"，是左为"1"右为"0"相合。"十"在甲骨文中是一竖画，是拳头紧握、小臂向上举，以拳、臂成一直线的描述。金文也是一竖画，只是中间加个圆点，即"一竖鼓其腹"，是两边微鼓的一条直线，呈"掌之象形"，小篆把圆点拉成一横线，成两手合并为一横一竖交叉的"十"。古人以一横为数之始，以一竖为数之终（结束），满了"十"又从"一"开始。这说明在夏商时代，古人就已有了十进位的组合意识。

十是太阳之果。在我国史前文化中，有个神话传说，叫"后羿射日"。说天上有十个太阳，每天交替值日，"一日方至，一日方出"；"九日居下枝，一日居上枝（指扶桑树）"一天发生剧烈争执，十个太阳每天都争着出来照耀世界，一下子，这世界乱了十进位的秩序。没办法，后羿出来，弯弓搭箭，射下那九颗太阳，从此天上就只有一颗太阳了。这就是中国最早产生的"天上十日"的"十"神话。据《左传》载：秦汉以前有"天有十日，人有十等，下所以事上，上所以共神"之说。古人天当十日计，月作十月历，昼夜十时分，均从甲至癸。我国云南彝族人至今仍有十月太阳历的记载：一年分十个时段，五个时段一百八十天后过一个小年，十个时段过完再过个大年。全年十个时段按木、火、土、铜、水五种元素的雌雄来表述，其顺序为雄木、雌木、雄火、雌火、雄土、雌土、雄铜、雌铜、雄水、雌水。单月为雄，双月为雌。这极像《周易》所指：奇数为阳象征天，偶数为阴象征地。十个天地之数，分别为天一、地二，天三、地四，天五、地六，天七、地八，天九、地十。像这种十数历制，国外如古罗马、美洲印第安人也有。

中国有个干支历法。干即天干，甲乙丙丁戊己庚辛壬癸，为传统序数符号；支即十二地支，子丑寅卯辰巳午未申酉戌亥，也是一种序数符号，二者相配，循环往复，六十为一周。一年十二个月，一昼夜十二个时辰（也叫十二时），一周天十二部分（也叫十二次）。时针一圈十二个小时，每个小时六十分钟，每分钟六十秒钟。沈括以节气编制的历法叫"十二气历"。上述十二地支又配以十二种动物：鼠牛虎兔龙蛇马羊猴鸡狗猪，称人有十二属，即十二生肖。

《说文·十部》云："十，数之具也，一（横）为东西（竖）为南北，则四方中央备矣。"古人称"十"为满贯之数，引申为"完满"。《商君书·更法》云："利不百不变法，功不十不易器。"九加一所得之数为"十"，也可谓是自然数中最大、最末的一个数。故世人崇十，把十当作神圣的符号，以十象征圆满、完美，以十代表全数，古今中外都这样。自唐代以来，我国古人多崇尚十，至今不衰。唐宋政制取"十"，政区取名"十道""十路"，官职称"十郎""十常侍"，甚至"宰相"的名称也多达十几个，如令尹、相国、丞相（左、右）、尚书令、中书监（令）、侍中、尚书仆射、同平章事（与参知政事合称宰执）、大学士、军机大臣、枢密使等。还有"十国""十六国"。今天世界上国家体制也有"十"种（共和国、王国、大公国、公国、联邦或联盟、合众国）。隋唐法律有"十恶不赦"（十恶即谋反、谋大叛、谋叛、恶逆、不道、大不敬、不孝、不睦、不义、内乱），今天许多"守则"往往是"十条"。唐宋诗多十字句（十里青山远，十月清霜重）；名家多以十归集，如先秦"十大家"（儒家孔孟、道家老庄、墨家墨翟、名家惠施公孙龙、法家管仲韩非、纵横家张仪苏秦、农家许行、阴阳家邹衍、杂家吕不韦、小说家青史子），唐宋"十大家"（韩愈、柳宗元、李翱、孙樵、苏洵、苏轼、苏辙、王安石、欧阳修、曾巩，其中李、孙是韩愈的弟子），唐大历和明闽中、景泰、弘历各有"十才子"，古代"十圣"（至圣孔子、亚圣孟子、诗圣杜甫、词圣苏轼、文圣欧阳修、书圣王羲之、画圣吴道子、医圣张仲景、药圣李时珍、茶圣陆羽；也有指史圣司马迁、诗圣、文圣、书圣、画圣、医圣、茶圣同前，加草圣张旭、酒圣杜康和武圣关羽），"十大名医"（黄帝、扁鹊、华佗、张仲景、葛洪、孙思邈、钱乙、宋慈、吴谦、李时珍），"十大思想家"（老聃、孔丘、墨翟、孟轲、庄周、荀况、李贽、黄宗羲、顾炎武、王夫之）；今天各行业的先进人物，常冠以"十佳""十杰""十秀"等。宗教领域有十恶、十戒、十度、十方、十诚、十法界、十日斋、十字架、十项天命、十款天条、十殿阎天，还有十二因缘、十二法门、十二门徒、十二门论等。十字架，本是古罗马帝国时代极残酷的刑具，后来却成了基督教的标志。在政教合一的国家，十字形又成了国家的国徽、国旗的标志，如瑞士是红底白十字形的，英国的"米"字旗其实是两个"十字架"相叠的图形；国际上还有个"红十字"，是伤兵救助的徽号，为医疗救护事业的标志，代表中立和人道主义，是人生永恒的主题；"蓝十字"是国家医疗机构统一标志，国际蓝十字会是兽医组织。文学艺术领域有"十祖"，即诗人之祖屈原，千古五言之祖《古诗十九首》，情语之祖《九歌·少司命》，山水文学之祖郦道元《水经注》，七言律诗之祖庾信《乌夜啼》、陈子良《于塞北春日思归》和杨广《江都宫乐歌》，唐诗之祖陈子昂及其作品，词曲之祖李白《菩萨蛮》与《忆秦娥》，花间鼻祖晚唐温庭筠，章回之祖宋人话本《大唐三藏取经诗话》，秋思之祖元马致远散曲小令《天净沙·秋思》。"十字令"如《清客》：一笔好字，二等才情，三斤酒量，四季衣裳，五子围棋，六出昆曲，七字歪诗，八张纸牌（马钓），九品头衔，十分和气。还有十锣、十字锣、十部乐、十斋郎、十字调、十翼、十经、十通、十图、十日谈、十批判书、十美图、十义记、十字坡、十音八乐。就连地名也用十，如十渡、十堰、十方、十都、十里、十字口、十字坡、十里铺、十八盘、十八街、十王峰、十里松、十万大山等。旧上海有个"十里洋场"，就是"环北门外十余里奏明给洋人居之"的"租界"，由英、法、美三国分踞。

古今中外都以"十"代表全数，希望完美无缺得"十全十美"。众所周知，人生不可缺少衣食，宋人吕蒙正曾以十个数字隐去两个作联"二三四五；六七八九"，以讽喻"缺衣少食"。今人则以十个数字几经复出，隐四九，增八六作联："一二三五六七八八九十；十八七六六五四三二一"，用来劝世人乐而忘忧。因其上联少"四"下联少"九"，"四"谐"事"，"九"谐"酒"；上联多"八"下联多"六"，"八"谐"发"，"六"谐"禄"，再加横批"东东西西南北"，意蕴深刻，读数忘忧，快乐轻松。古人不仅写诗作联巧用"十"与十个数字，甚至对话、猜谜也如此。据说有个人要买五斤猪血，却不直说，而说"不要肥，不要瘦，不要骨头不要肉，不要肝肺肠毛汕，十个半斤就足够。要付几个钱？"那卖肉的也不直说，把百个铜钱化作一串数字，巧妙回答："一二三，三二一，一二三四五六七，七加八，八加七，九个十个加十一。付钱吧！"这真是买者睿卖者智，五斤猪血百铜钱，巧用数字作答。数字干巴巴，出口似神话，启迪思维功难抹。更有人用十个数字编出了一则顺口溜："一二一二三四五，六七七七八十九。"让人用句中数字猜八条成语。一旦猜中了，你自会兴致勃发，觉得趣味盎然。

上述要猜的成语，至少有"七老八十""八九不离十"两个是含"十"字成语。再看含"十"的成语很多，如表示稳操胜券的"十拿九稳"，表示风调雨顺的"十风五雨"，表示完美无缺的"十全十美"，表示事情紧迫的"十万火急"，表示长期苦读的"十年寒窗"，表示骨肉情深的"十指连心"，表示民少官多的"十牧九羊"，表示繁华闹市的"十字街头"，表示重兵四伏的"十面埋伏"，表示情深难别的"十步九回头"，表示育人不易的"十年树木，百年树人"，表示极难遇见的"十年九不遇"，表示罪大恶极的"十恶不赦"，表示聪敏速阅的"十目俱下"和"一目十行"，表示五彩纷呈的"五光十色"，表示一人举动难瞒众、过失受众责的"十目所视""十手所指"，等等。写诗作联、列举功过、年终回顾，总不离十，好像无十不全。除特具数趣的"十字令"外，就是一部惊动世人的《三国演义》的主要情节，也有人用"十字令"编列情节提纲，即单（即一）刀赴会，二嫂过关，三请诸葛，四别徐庶，五马破曹，六出祁山，七擒孟获，八卦阵图，九伐中原，舌（闽南方言谐"十"音）战群儒。把关羽、刘备、诸葛亮等主要人物的活动场面，通过十字令的描写以赞其品德、才情、业绩。相传某县贪官在除夕这天贴出一副自夸的红联：一心为民两袖清风三思而行四方太平五谷丰登；六欲有节七情有度八面兼顾久（九）居德苑十分廉明。横额：福荫百姓。谁知一秀才见之，怒不可遏，春节凌晨，于其旁贴一白联：十年寒窗九载熬油八进科场七品到手六亲不认；五官不正四蹄不羁三餐不饱二话不说一心捞钱。横批：苦熬万民。——两联同贴，一红一白，入嵌十数，一顺一逆，色泽鲜明，内容迥异，一针见血。用一诗来形容，即古今贪官知多少，万民遭殃鬼哭嚎，贪官作娼立牌坊，秀才刺贪谴官慌。年终岁末，单位或个人做总结也喜欢用"十"：十大新闻、十大成就、十点体会、十大发现、十大展望等。诉斥罪人，亦诉以"十"：十大罪犯、十条罪状。总之，有"十"才圆满。

十，虽只两画，书写简便，却易被变更成"千""廿""卅"等数，故有大写数字"拾"；10，计算必用，亦只两笔，左一竖右圆曲，若位反，意亦反。人生不离十。人生逢十有美称，十岁"幼学"或"外傅"，二十"弱冠"行仪式（女子二十称"桃李"），三十男儿称"而立"或"壮年"，四十岁称"不惑"或"强壮"，五十岁称"知命"，六十花甲叫"耳顺"，七十岁称"古稀"，八十岁称"伞寿"，九十岁称"鲐背"或"黄友"，百岁称"期颐"或"上寿"。民俗中常常逢十庆寿，六十岁以后则逢九过生日祝寿。人之来世，道路漫长，尤其是人生从出世之时起，就已置身在人生的"十"字路口。十字路，无论是在田间荒芜小径，还是城市大道，路都在你的脚下，靠着与生俱来的两条腿、一双脚，如何迈步不致南辕北辙，实现生命价值，关键在于方向的选定。方向正，走不歪，要是想投机钻营，一意孤行，存侥幸心理，必定悔之莫及。人生之路漫悠悠，十字路口当心走；选定方向迈大步，脚踏实地去滑头。

漫说"百"

传说战国时期，身挂六国相印的苏秦被人暗杀了。齐王恼怒，要为苏秦报仇，却又无法抓到凶手，于是出一策：命人割下苏头，悬挂城门上，旁贴榜文曰：苏秦是内奸，杀了他为齐国除了大害，赏金千两，望来领赏。见了榜文，竟有四人声称苏秦是他们杀的。齐王说："这不可冒充啊！"四人一口咬定是自己干的。齐王说："真勇士也！一千两黄金，你们四人各人分得多少？"四人齐答："一人二百五。"齐王拍案大怒："来人，把这四个二百五推出去斩了！"从此，"二百五"就成了做事莽撞、傻里傻气者的代名词。

《说文解字》曰："百，十十也。从一白，十十为一百，百白也。"二百，汉字为皕（bì），"两个百"并排一起。要是在"皕"字中加个"大"成"奭"，念 shì，意为盛大的样子。写在财务凭据上，百、千大写，即在其左边加"亻"，百元钞写作"壹佰元"。

百，用途十分广泛，在政史上，官之多称为"百官"；古代专管营建制造等事的官称"百工"。春秋时又是各种手工业工人的总称，亦叫工奴；古代总领百事的长官叫"百揆"；地方官称"百城"，后来称储藏图书多的为"坐拥百城"；古代军制有"百户之长"，隶属千户。驻守各地者设百所，"百户"为一所的长官；百辆兵车称"百乘"，百乘之家谓大国之卿；朝廷上自三省下至仓场，库务各部门总称"百司"（亦称"有司""京局"），"百司"也泛指朝廷大臣，王公以下的官员。历史上关于"百"的说法不少，朝鲜半岛有个古国叫"百济"，它与新罗、高句（gōu）丽鼎立，史称"三国时代"；古罗马有"百人团大会"；拿破仑一世第二次统治法国（1815年3月20日到6月22日），时101天，史称"百日王朝"；英法两国1337—1453年间的战争，称"百年战争"。我国清末有个"百日维新"，因光绪皇帝接受康有为、梁启超等的变法主张，起用维新派人士，从1898年6月11日起，颁布了《定国是诏》和一系列变法命令，到慈禧太后于9月21日发动政变，历时一百零三天止，史称"百日维新"，也称"戊戌变法"。1929年12月11日，邓小平、张云逸等在广西百色发动的"百色起义"。抗日战争时期，八路军于1940年8月—12月，在华北地区进行大规模的反日伪军和反击"扫荡"的战役，共一百零五个团约四十万兵力参加，歼灭日伪军四万五千余人，攻克据点二千九百多个，破坏铁路四百七十公里、公路一千五百余公里，称为"百团大战"。

地名与动植物也多有"百"。北京西郊有个百花山，内蒙古有重镇百灵庙，河南辉县有景点百泉，湖北西南有百福司，江西南昌东湖中有百花洲，成都杜甫草堂有百花潭，重庆有百节石，贵州有百纳，宁夏有一百零八塔，安徽有百江和濉溪百喜。广西"百"最多，有名城百色市与百合、百省、百都，南宁南有百济、百旺，广西北部还有个旧县叫百寿。浙江有临安百丈峰、庆元百山祖、上虞百官镇，仙居东有百步塘村，西有百花村。关于"百花村"还有个传说，相传古时，天下大雪，有个猎人雪天到此，见有一地无雪，深以为奇，就于此插下柴棒做记号。几年后再到此地，那棒上长了一根藤，藤上开着百朵鲜花，猎人认为这是宝地，就在此建房落户，渐成村落，命名"百花村"，近村有条涧坑，名百花坑。在大西洋北部美国东边有个"百慕大群岛"，那里还有处危险地，叫"危险三角区"。谚语曰："百足之虫，三断不蹶；百足之虫，死而不僵。"说的就是那些黑色的"百节虫"和五毒之一的蜈蚣。禽类有"百灵鸟"，海洋中的"海百合"也是动物。它酷似陆地上的百合花，有"茎"，有"小叶"，靠五角形分叉的柄（即茎）固定在海里，柄上有吸盘，盘上有口和肛门，盘周有五个腕，每腕又有分枝，枝再生小枝。它与海参等一样属于棘皮动物。植物，有全株光滑无毛的多年生草本"百部"，可治"百日咳"；有地下鳞茎球形白色的多年生草本"百合"，可食可药；有如韭菜、黄花菜、洋葱、芦荟等十几种植物都属"百合科"；有生在西非沙漠地区，只有两片四季常绿叶子的长寿植物，叫"百岁兰"；有百日青、百日红（紫薇）、百里香、百日菊（百日草）、百两金（别称"珍珠伞""开喉箭"）、百脚蜈蚣（常青藤）；等等。

在语词文化中，成语中含有"百"的很多。如，佛教用来比喻道行修养到极高境界的"百尺竿头"；比喻射箭准确，每次都达目标的"百发百中"；形容善射的"百步穿杨"；形容每战必胜的"百战百胜";比喻意志坚强，不论受多少挫折都不屈服的"百折不挠";比喻损坏或缺漏极多的"百孔千疮";比喻一切废置之事都兴办起来的"百废俱兴";比喻才德高尚永远为人师表的"百世之师";形容反复思考也不能理解的"百思不解";形容众望所归的"百鸟朝凤";形容多闻不如亲见可靠的"百闻不如一见";还有百花齐放、百家争鸣、百里挑一、百里之才、百炼成钢、百花争艳、百里异习、百代文宗、百辞莫辩、百感交集、百年偕老、百年大计、百年树人、百依百顺等。谚语中含有"百"的也很多，如：百善孝为先、百物土中生、百岁光阴如捻指、百艺防身、百万豪家一焰穷、百货对百客、百钱三处放、百闻不如一见、百动不如一静、百能百巧老受用、百病只怕乱投医、百岁光阴如过客、百人里头出孝子、百日床前无孝子、百人吃百味、百里不同风。歇后语中含"百"字也不少：百川归海——大势所趋，百尺竿头——更进一步，百鸟展翅——各显其能，百日无雨——久有情（晴），百米赛跑——照直冲，百年的大树——根深蒂固，百灵戏牡丹——鸟语花香，百灵鸟唱歌——自得其乐，百岁想儿子——得之不易（白想），百年的歪脖树——定型了，百里奚饲牛拜相——人不可貌相，百斤担子加铁砣——重任在肩。

在其他领域，古族有"百濮"；各式各样的人称"百族"；"百姓"原是对贵族的总称，战国后才是对平民的通称。气象上，大气压强的单位叫"百帕"；地面安置测定空气温度和湿度仪器的木箱叫"百叶箱"。各类谷物总称"百谷"，鸟有"百灵鸟"；"百舌"指乌鸦。牛羊的重瓣胃叫"百叶"；高楼叫

"百丈楼"，今天的高楼竟数百米；牧民有"百子帐"；"百花生日"是农历二月十二日或二月初二；病有"百日咳"；穴有"百会穴"；各种品德、行为称"百行"；货币很多叫"百朋"，古者货贝，五贝为朋或曰五贝为一串，二串为一朋。戏有"百戏"（古代乐舞杂技表演的总称。汉称"角抵戏"，隋唐称"散乐"），调有"百调"（流行于豫北和鲁西南一带，分别称"北调""南调"）。民间有管乐合奏曲《百鸟朝凤》；壮族有民间故事"百鸟衣"（贫苦农民古卡，依照被土司抢走的妻子依俚之嘱，射百鸟，用鸟的羽毛制成百鸟神衣，依约与妻子相会，并借献衣乘机杀土司，夺取骏马，夫妻驰离而去）；剧有《百花记》《百顺记》和《百子图》，杂剧《百花亭》，广东汉剧《百里奚认妻》〔百里奚家贫，外出求仕、妻以㸆䗪（yǎnyǐ，门闩）烹鸡饯行。后百里奚作为陪嫁之臣入秦，三十多年后为秦相，其妻漂流至秦，入相府为佣，一天唱《㸆䗪歌》，百里奚闻而认妻，夫妻重圆〕，还有传统剧《百岁挂帅》，大鼓曲艺《百山图》等。"百里"是《百家姓》中的复姓；还指能治理一县的人才，称"百里才"，因古代一县辖地一百里。有个叫"百衲"的东西，它是用零星的材料集成一套完整的东西，如百衲本、百衲琴、百衲碑、百衲衣等，多特指僧衣"百衲衣"。在古籍上，有《百家词》（明·吴讷编辑）、《百子全书》（清·崇文书简辑）、《百川学海》（宋·古生辑）、《百陵学山》（明·王文禄辑）、《百战奇法》（亦称《百战奇略》），还有《百论》（印度·婆提著）、《百喻经》（古印度·僧伽斯那著），更有北宋编的蒙学课本《百家姓》，农村有种叫《百事通》的书，及近代各种版本的《百科全书》等。

在民间礼俗中，有个叫"百日"的，既是丧俗，又是喜礼。人死后第一百天，丧家多有延请僧人诵经拜忏，为逝者"超度"亡灵。婴儿出生第一百天，主家要行百日祝福，宋称"百晬"，明唤"百岁"，近代北京地区叫"百禄"，江南称"百日宴（酒）"，仙居叫"望四个月里"。此日，娘家、亲友备好礼来贺，主家要请剃头师傅剃头，婴儿后脑勺要留一撮毛，叫"百岁毛"，剃下的头发要用红布包起，放在"阴阳瓦"中，再置于檐口七天，取发夹书卷中，主家无疑要盛宴请客。婴儿满周岁，称"够周"，此时有两个礼：戴"百家锁"与"抓周"，意在锁住生命，预示前途。百家锁，多由父母向他人索讨铜钿，用彩色绳线穿编成锁形，周岁那天戴在小儿颈脖上，直到二十岁才取下。这种"锁"，有的如鲁迅笔下闰土颈上的"银锁箍"；有的是"银锁片"，正面刻"百家宝锁"，背面刻"长命富贵"；有的是用各亲友回赠给孩子的几百文或几十文铜钿凑集而买的；有的是用红黄蓝白黑五色丝（代表五方）编织的"长命索"。抓周，即在桌上摆放如算盘、笔墨、剪尺、墨斗、书本、胭脂、朝珠等有代表性的东西，让孩子任意抓取，预测其前途。若抓算盘，长大会做生意；抓书本，将来好读书；抓剪尺，将来做裁缝；抓了朝珠，以后当官。

人们曾闻"百年一遇"或"百年不遇"的话，这"百年"奇事多，如不少老人说："我百年之后，你们要……"此"百年"是去世的雅称。我国农历有平年、闰年，为"四年一闰"，如此计算，到百年又超过，到四百年又闰，故有"百年不闰，四百年又闰"之说。印度尼西亚的巴厘岛有个宗教节——埃卡·达萨（东南西北等方位）·德鲁拉（神名）节。过节时间都在两个零结尾的年份，所以，得一百年才过一次。南美洲安第斯山脉的莱蒙达，从幼芽开始，经一百年才开一次花，穗状花轴高十至二十米，直径一米，花轴上开万余朵花，沿花轴自下而上次第开放，三个月才开完，花朵直径三厘米。百年一次，天下奇观。广西永福县有个"百寿镇"，该镇东岸村夫子岩西壁上，有个特大的楷书"寿"字，高一百七十八厘米、宽一百四十八厘米，阳刻；内藏一百个"小寿"字，且字旁注有字体与出处，正草篆隶皆全，阴刻。据考证，这是我国历史上最大、最久远、最具民族特色的"三最"百寿石刻，而且这百个"小寿"字，是由当地百位百岁老人分别完成的（南宋绍定时）。

　　数学名词除百分尺、百分比、百分率、百分表，又有"百分点"。百分点在统计学上，能明确、简略地表达某段时间的增减变化幅度，还使绝对变化数不泄露而做到相对保密。其表达方式采用升（或降）几个百分点，一看就知变化的方向和幅度的大小。战有"百战"法；画有"百叶画"；姓有"百大姓"，从李王张陈杨到乔贺赖龚文的百个姓氏，就占汉族人口的百分之八十一。温州龙湾区宁村是"百姓村"，全村三千余人，有八十七个姓（多的五百八十五人，少的仅一人），加上史上有过的九个姓和两三年前消失的三个姓，有九十九个姓。故有"中华姓氏第一村"之美誉。事有"百里罕事"：朱元璋登基，要建南京城墙，听说豪绅张斗南富可敌国，就把正阳门（今光华门）至通济门城墙的重任硬压给他。张就只好在秦淮河上游的百培山上建起百座大窑，日夜烧城砖。城砖烧好，却逢大旱，舟行不便，雇独轮车，又砖多车少，斗南心急火燎，一夜头白。他硬着头皮去请求宽限时日，却遭训斥："你敢延误半天，满门抄斩！"斗南大哭，一小孩（家住石门坎）见状，笑道："这有何难？我常见爸爸与叔叔们用手传砖，你不能学吗？"一语梦醒，几天后，百培山到通济门出现了一条蜿蜒百里的人龙，以手传运堆积如山的城砖。这乃天下奇罕之事啊！作家有"百余笔名"，鲁迅有一百四十多个，茅盾有一百二十五个，光一个字的多达四十个，他们的字母笔名都是四个。言有"百言"（名言、格言、警言、诤言之类）。文有"百字文"，如李世民《百字箴言》："耕夫碌碌，多无隔夜之粮；织女波波，少有御寒之衣。日食三餐，当思农夫之苦；身穿一缕，每念织女之劳。寸丝千命，匙饭百鞭，无功受禄，寝食不安。交有德之朋，绝无义之友。取本分之财，戒无名之酒。常怀克己之心，闭却是非之口。若能依朕所言，富贵功名可久。"——此言实"箴"，意义深远。今之官民，均可借鉴！东汉崔瑗作"百字座右铭"："无道人之短，无说己之长。施人慎勿念，受施慎勿忘。世誉不足慕，唯仁为纪纲。隐心而后动，谤议庸何伤。无使名过实，守愚圣所臧。在涅贵不淄，暖暖内含光。柔弱生之徒，老氏诫刚强。硁硁鄙夫介，悠悠故难量。慎言节饮食，知足胜不祥。行之苟有恒，久久自芬芳。"——人生诸面，行为准则，贵在坚持。再看看巴金于1987年为上海书店《文艺日记》的"百字题签"："人为什么需要文学呢？是要它来扫除我们心灵中的垃圾，需要它给我们带来希望，带来勇气，带来力量，让我们看见更多的光明。我五十九年的文学生活，可以说明：我不曾玩弄人生，也不曾美化人生，我是在作品中生活，在作品中奋斗。"

　　"百"字就是这样有趣啊！

漫说"千""万"

　　《说文解字》告诉我们：十百为千，十千为万。甲骨文的"千"字，是在人形的腿上加一短画，后来的金文、小篆的"千"与甲骨文的字形构造基本相同，均是"人"形的逐渐演变，到楷书时人形无踪影了。今天的"万"是"萬"的简体字，这个繁体的"萬"来自繁殖能力惊人的蝎子，从甲骨文、小篆可见，字形是蝎子的形象。先民以这种动物假借为数字中的"万"字。在汉语日常用语中，用"万"作为上限数，表示极多极大，如称呼皇帝的"万岁"和"万事俱备，只欠东风"；引申为极其、非常、绝对等义，如万全、万金、万一等。

　　千有千故事，万有万笑话。如被后人用以形容礼轻情意重的"千里送鹅毛"故事。相传唐贞观年间，云南回纥土司缅氏为表达对唐朝的拥戴之情，特派部属缅伯高带着一批宝物和一只珍禽白天鹅，上京都朝拜唐太宗。一路上，缅伯高对白天鹅精心照料，行至湖北沔（miǎn）阳湖时，见天鹅伸长脖子张口喘气，怕是口渴，便开笼放它到湖边饮水。谁知白天鹅饮足水后，就展翅高飞而去，缅伯高赶忙扑去，却只抓住一片鹅毛。他急坏了，捶胸顿足，呼天哭地，悔恨一时疏忽。最后他实在无计可施，只好用块洁白锦缎包好这片鹅毛，并写了首诗去见唐太宗。太宗见诗："天鹅贡唐朝，山高（重）路迢（更）遥。沔阳湖（河）失宝，倒地哭号啕（回纥情难抛）。上复（奉）唐天子，请饶（罪）缅伯高。礼（物）轻人意重，千里送鹅毛。"（括号内是对前字的另一说法）太宗高兴地收下礼，安抚缅伯高，回赐丝绸、茶叶、玉器珍宝等中原特产，并留住一段时间。缅伯高感激不尽，回云南后盛赞唐皇盛情礼下。从此后，"千里送鹅毛"就成了"礼轻情意重"的代名词，二者亦构成为歇后语。

有个关于"浅尝辄止"者的笑话：从前有个土财主，世代富有，却目不识丁。有一年他聘请一塾师教导其子，塾师先教其描红，写一画就说"一"，写两画就说"二"，写三画就说"三"。那孩子学会了这三个字后，便甩了笔杆，兴高采烈地向其父报喜："儿子学会了！儿子学会了！再不用麻烦先生了。"财主不禁自喜，马上辞退了塾师。不久，财主请一位姓萬（简体字"万"）的亲戚来家做客，一早叫儿子写请帖，结果时过晌午，请帖还未写完，父忙催促，子却埋怨："天下人姓很多，为什么偏要姓万？我从早写到现在，才写完五百画。"这个笑话，情同"二百五"。

"千""万"的文化含义十分丰富。在数学领域中，它们都是数目字。十个百的千，有千位，从个位向左的第四位，其位值（计数单位）是千；公制单位，重量为千克，代号"kg"，长度为千米，代号"km"；有千分位，在小数点右边第三位；有千分数，表示一个数是另一个数的千分之几，记作"‰"；有千分尺利用螺旋原理制成的精度很高的（达 0.01 毫米）量具，也叫千分表、分厘卡、百分尺；有千分点，统计学上指以千分数形式表示不同时期变化幅度；有千进，逢千进一；"千"的大写要加单人旁，成"仟"。十个千的"万"，有万位，由右向左数的第五位；其计数单位是万；有万级，按中国"四位分级"的读数、写数规定，万级包括"万、十万、百万、千万"四个数位；有万分位，由小数点向右第四位，其计数单位为"10000"。万以后是"亿"，亿为一万万，古代指十万；亿位，由右向左数的第九位，其计数单位是"亿"；亿级包括"亿、十亿、百亿、千亿"四个数位。亿后是"兆"，一百万，古代指一万亿，兆级包括"兆、十兆、百兆、千兆"四个数位。古代有"千钧"，三十斤为一钧，成语"千钧一发"表示极其重要和极险；有"千乘"，乘为车数，古时一车四马为一乘；有"千金"，汉代以一斤金为一金，值万钱。还有"万钟"，钟为古时计量名，万钟指大量的粮食，也指优厚的俸禄。

在地名领域中，县，有千阳，在陕西宝鸡市北部渭河支流千河流域中，千河旧称汧河；千乘，古邑、县、郡名，在山东高青高苑镇北，分南北两城，今改名乐安；万安、万年、万载，都是江西县名。万安，唐代是州、军名，县城芙蓉镇；万年位于东北部乐安江下游，县城陈营镇；万载位于西部锦江上游，县城康乐镇；万荣、万泉是山西县名，今万泉并入万荣，位于西南部黄河东，县城解店镇；万风、万承为广西旧县名，万承已并入大新县；万源是四川的太平镇，万县原为四川一县市，后改万州市，今为重庆市的万州区；万山为贵州一个特区；万宁为海南县名，位于海南东部，县城万城镇；万全为河北县名，位于河北西北长城内侧，县城孔家庄镇。山，有辽宁千山，是千华山（千山与华表山的合称）的简称；山东济南市的千佛山，又名历山、舜耕山，山崖下有龙泉、极乐、黔娄山洞；甘肃敦煌境内四佛窟中的千佛洞和水峡口小千佛洞；湘赣边境罗霄山中段的万洋山；北京颐和园的瓮山，因乾隆母亲六十寿辰而改名"万寿山"。河，有山东西南一百五十一公里长的万福河；海南岛东部长一百六十公里长的万泉（或全）河。湖，有浙江建德、淳安间的千岛湖（新安江水库），又名青溪湖，五百八十平方公里中，有三百九十六个岛屿；南海诸岛中的南沙群岛称"千里海塘"，东沙与西沙群岛称"万里长沙""千里长沙"。宫，有江西南昌的万寿宫，又名天柱宫，唐为铁柱观，宋为景德观、延真观，明嘉靖才称"万寿宫"；四川峨眉山观心岭下的万年寺（圣寿万年寺）。桥，有四川成都锦江上的万里桥，福州市跨闽江北岸与中洲岛间的万寿桥。关，有云南"腾越八关"之一的万仞关，位于盈江西孟弄山上。外国地名，有日本本州的千叶县（也指"千世"）；老挝首都万象；泰国城市万伦；印度尼西亚第二大城市万隆，位于爪哇岛西部，146.3万人口，"万隆会议"所在地；非洲安哥拉万博省首府万博市。国家以"千"字号的，有"千丘之国"卢旺达，"千湖之国"芬兰，"千岛之国"印度尼西亚，还有俄罗斯的千岛群岛。

在古代政官文化中，千，有君主亲身护卫的"千牛"，始于后魏，废于元；世袭军职"千户"，金代初年设置，统兵七百以上、五百以上、三百以上的分别称上千户所、中千户所、下千户所（千户也用来形容人家之多）；汉代以俸禄高低计官品的"千石（音 dàn）"，千石官指丞相长史、大司马长史、御史中丞等，月俸谷八十斛；明朝驻京师的京营领兵官"千总（把总）"；清朝领运漕粮的、京师内外各门的总把守也称"千总"；小说戏曲中的太子、王公的代称叫"千岁"（即千年，也指年代久远）。万，有各方诸侯的"万方、万邦"；汉代食邑万户的"万户侯"；由立功异域而封的"万里侯"；汉代称"三公"为"万石（dàn）"，凡一门有五人以上二千石的官宦者，谓"万石"，后代相沿有一门品序与万石相当的五官者也可称"万石"；金代初年设的世袭军职"万户"，设万户府以统领千户所；统兵七千以上称上万户府，五千以上称中万户府，三千以上称下万户府。各路万户府各设达鲁花赤（蒙古语为镇压者、制裁者、盖印者之意，转而有监临官、总辖官之意）和万户各一员；由原为臣下对君主祝贺之辞而后变成臣下对皇帝独称的"万岁"（还有皇上、天子、陛下等）；指朝廷、国家日常纷繁的政务的"万畿（万机）"，有成语"日理万机"；皇帝年号，有周武则天的"万岁登封"（696）和"万岁通天"（696—697）；元时杜可用年号"万乘"（也指代万辆车与帝位）；明神宗朱翊钧年号"万历"（1573—1620）；"万延"则是日本孝明天皇的年号。还有"万国博览会""万隆会议"与"万隆精神"。

在文学典籍领域中，有梁朝周兴嗣撰的蒙学课本《千字文》；南宋后村居士刘克庄编的诗总集《千家诗》，是《分门纂类唐宋时贤千家诗选》的简称，二十二卷，分十四门，一千二百首诗；双调词牌"千秋岁"（千秋节），七十一或七十二字，仄韵，又有《千秋岁引》和《千秋万岁》；南宋洪迈编的十卷《万首绝句选》；日本最早的和歌集《万叶集》。明末清初黄虞稷编的三十二卷查考明代典籍回目《千顷堂书目》；明万历中凌迪知辑的一百四十卷《万姓统谱》，全称《古今万姓通谱》。明瞿九思著的纪传体《万历武功录》，有十四卷一百七十六篇，讲述了万历时镇压农民起义及各少数民族反明活动的事迹。李玉作的传奇剧本《千忠戮》（《千忠禄》《琉璃塔》），写明燕王（成祖）破南京，建文帝和大臣程济化装为僧、道，流于湖广、云南等地，备受迫害的故事；明沈采作的传奇剧本《千金记》，以韩信与妻子为主线，写楚汉战争的故事；十一集电视连续剧《千里难寻》，说两个孩子马天天、马欢欢因父母离婚而出走，被人贩子拐卖，父母在寻孩过程中重归于好，告诉人们：没家的快成家，有家的莫拆它，有家的要爱它，人有金山摇钱树，不如拥有一个温馨的家；《千里寻梦》写原国家女篮教练刘振华，因患脑癌离岗，为迎接亚运会而从上海长跑进京募捐，使香港鸿祥公司董事长田洁青激动不已，原来田与刘几十年前是对恋人；美国影片《千面佳人》，写银行家的妻子内洛普染上偷窃癖，抢劫了丈夫银行而闹出一系列喜剧；美国作家哈罗德·罗宾斯著的《千万别离开我》，写四十三岁的布拉德·罗思家庭美满，事业兴旺，却被迷人女子伊莱恩打破平静生活，很快，婚外恋使其公司面临破产，家庭濒临崩溃，几经挫折的布拉德重新审视自己，做出抉择……现代文学作品中有吴组缃《一千八百担》、杨朔《三千里江山》、刘白羽《万炮震金门》、靳以《江山万里》、电影《万水千山》。医学书有唐代孙思邈辑的三十卷《千金要方》(《备急千金要方》),为前代各家方书及民间验方,列证治二百三十二门,合方论五千三百余则;其续《千金翼方》,收汉代张仲景《伤寒论》内容,选录"要方"未载的方剂二千余首。

在名人文化中,就是"万"了。东汉许慎的故里叫"万岁里";康有为在广州长兴里的讲学之所叫"万木草堂";南宋名将韩世忠的陵墓(苏州郊外太湖之滨的灵岩西麓)前有"万字碑",十米高的墓碑,碑文长达一万三千字。姓"万"的名人不少,如隋代音乐家万宝常,其六十四卷的《乐谱》提出"八十四调"理论;明末清初的经学家万泰和两个儿子——经学家万斯大与史学家万斯同,分别著有《寒松斋稿》《学礼质疑》《学春秋随笔》《历代史表》;清文学戏曲家万树,著有二十卷《词律》和二十多种杂剧传奇;北魏末关陇人民起义领袖万俟(mòqí)丑奴(匈奴族人);南宋佞臣万俟卨(qì),依附秦桧为监察御史,是残害岳飞的帮凶;近代资产阶级革命家万福华;无产阶级革命家万里。国外有《耕地和战场》的捷克斯洛伐克作家万楚拉,有《六月的别离》的苏联剧作家万比洛夫。还有被列入"万卷楼"的宋、明、清以来的藏书名人:宋代元祐间擢江西杭州路总管崇安詹景仁、长沙管军总管真定张用道,明代湖广副使上海郁文博、南禺外史鄞县丰坊(又名道生)、山东副使常熟杨仪和广东参议秀水项笃寿,四人均进士;清代八清吏部侍郎益都孙承泽、累官詹事大兴黄叔琳,二人分别为明崇祯和清康熙进士。

在礼仪词语中也有千与万。"千金"，喻贵重之意。《史记·项羽本纪》："项王乃曰：'吾闻汉购我头千金，邑万户'。"此千金是指黄金千斤。原来，秦以一镒（二十两）为一金，汉以一斤金为一金，值万钱。所以贵重，故有"千金之裘，非一狐之腋也"；被汉武帝立为皇后的表妹陈阿娇，后因故被废皇后称号，受尽凄苦，为挽回武帝之心，她打发人送给司马相如千斤黄金，买来相如为其写成《长门赋》，武帝读之感动，又对阿娇好了起来，这个故事叫"千金买赋"；又有"一字千金""一诺千金""一顾千金""一刻千金"等。后来，由此及彼，富贵人家未婚女孩子身价百倍，故被尊称为"千金""千金小姐"。元杂剧《薛仁贵荣归故里》："你乃是官宦人家的千金小姐，请自便。"这是最早的文字记载。发展至今，普通人家之女孩也敬称为"千金"了。须知，"千金"原是男儿的别称；"小姐"并非舶来品，最早是卑贱女子之称（宋代），最迟在明代才开始成为青年女子的通称。"万福"即多福，唐宋时妇女相见行礼，多口称"万福"，亦称妇女所行之敬礼。

在文辞领域中，首先是近百的成语，万千或百一搭配。表险坷的：千山万水或万水千山、千难万险、万里长征、千辛万苦、千锤百炼、千回百折、千回万转、万里鹏程、千钧一发；表众势的：千村万落、千家（门）万户、千军万马、万马奔腾、万里长城、万人空巷、万头攒动、千帆竞发、万众一心、万家灯火；表示久远的：千年万载、千古万秋、万古千秋、千秋万岁、万寿无疆；表示好德久的：万古长存、万古长青、万古流芳、万世师表、万流敬仰、万家生佛、万古不变、万选青钱、万丈光芒；表示多变的：千变万化、千态万状、千头万绪、千姿百态、千娇百媚、万紫千红、万象更新；表示不变的：万古不变、万变不离其宗、千人一面、千篇一律、千部一腔；表多的，千呼万唤、千言万语、千思万想、千丝万缕、千生万死、千仓万箱（储粮），还有"千人唱，万人和"；表示难得的：千载一遇、千载一时、万世一时、千凑万挪、千里之足、千虑一得、万不耐一、万象回春，还有"千军易得，一将难求"；表示罪大的：千仇万恨、千刀万剐、千夫所指、万死犹轻；表示险峻的：千山万壑、千岩万壑、千岩竞秀；表示紧急的：千里移檄、万箭攒身、千里犹面（真、准）；表示珍贵的：千金买邻、万贯家私（财）、千金一笑、千金一掷、一字千金、一顾千金、万乘之尊（帝王）；表示无奈的：万般无奈、万不得已；表示勇武的：万夫莫当、万夫不当之勇；表示安静的：万马齐喑、万籁俱寂；表示顺利的：万事亨通、万事大吉、万应灵丹、万事俱备；表示成功的：万全之策、万丈高楼平地起；表示打击大的：万民涂炭、万念俱灰、千疮百孔；表示书多的：万签插架；表示责任重的：千钧负重。

其次是谚语。如：千高万高，人心最高；千锤打锣，一锤定音；千斤不为多，四两不算少；千层万层，不如脚底一层；千穿万穿，马屁不穿（穿：戳穿）；千个师傅千个法；千金难买两同心；千滚豆腐万炖鱼；千里姻缘一线牵；千年古道变成河；千人走路，一人领头；千杉万松，吃穿不空；千事万事，吃饭大事；千中有头，万中有尾；千枝连根，十指连心；千做万做，折本不做；千两黄金不如一个知己；千里烧香，不如在家敬爹娘；千招要会，一招要好；万事起（开）头难；万金难买好朋友；万里江山一局棋；万事尽从忙里错；万事莫如亲下手；万言万中，不如一默；万物都有时，时来不可失；万年水底松，千年楼上枫；万事劝人休碌碌，举头三尺有神明；万事只怕一比，一比心里明。

再次是歇后语。千手观音——多面手；千个铜钱绳子穿——一贯；千斤顶——上劲儿；千里打电话——遥相呼应；千里遇知音——喜相逢；千斤鼻子四两嘴——不好开口；千年大树百年松——根深蒂固；千年的大树——根深叶茂或盘根错节；千人大合唱——异口同声；千条竹篾编花篮——看着容易做着难；千只麻雀炒盘菜——多嘴多舌；万岁爷卖包子——御驾亲征（蒸）；万丈崖上的鲜花——没人踩（采）；万丈崖上的野葡萄——够不着。

动植物领域中，也有"千"与"万"。如千里马，它既是古国名（在今斯里兰卡东北亭可马里一带），又指日行千里的良马，不是有个"伯乐相马"的故事吗？千里驹，指少壮的良马，可喻英俊少年。千里足，指良马日行千里。电脑领域有种病毒，叫"千年虫"。植物有千里光（又名千里明、九里光、青龙梗），为多年生草本植物，性平味苦有微毒，可治疔疮、肿毒、皮肤湿疹瘙痒、眼睛迎风流泪等疾病；千日红（又称千日白、千槽日花），一年生草本植物，抗菌消炎平喘，可治小儿百日咳、气喘、咯血、慢性支气管炎；千金藤（中药名防风，别名白药子、天膏药、金钱吊青蛇），落叶藤本，性凉味苦，祛风活络，收敛止血，可治子宫脱垂、痢疾、偏瘫、多发性节肿、蛇咬伤等；千斤拔（别名千斤坠、金牛尾），根药用，甘淡温平，主治腰肌劳损、偏瘫瘘痹、风湿骨痛、劳伤久咳、咽喉肿痛，一至二两，水煎服；千打锤（别名铁线树、白胶木），辛温气香，行气止痛，主治跌打损伤，风里骨痛，干品三至五钱，水煎服；万年青，多年生草本植物，全草药用，淡寒微苦，消肿拔毒、止痛，主治蛇咬伤，咽喉肿痛，鲜品半两至一两，水煎服，疗疮肿毒（捣烂敷）、小儿脱肛；还有千屈菜、千金子（续随子）、千金榆、千穗谷、千日晒（晒干了，放在潮湿处又会活回放根长叶）等。又俗称"万金油"的清凉油，用于防暑引起的头痛、晕车、蚊虫叮咬，要用时涂于太阳穴或被叮咬的皮肤上，可止痒。

江苏海安曲塘中学后院，有口"唐王井"，井壁是巨大香木挖空中心制成的，直径一点三米、深六米，千年浸水，木质不腐，且用刀斧砍、劈，或用锯割均难截取，其坚硬程度可想而知，至今井中仍散发出阵阵幽香。（《少年文摘报》1999 年 4 月 29 日）北京紫禁城中的金銮殿——太和殿，"龙"超万条，据统计有神态各异、光彩夺目的金龙一万二千五百五十四条，是世界上最大的龙宫。光大殿中间镂空金漆木台上的金色宝座——皇帝座椅，就有金漆雕龙十九条，座后屏风二十九条，仅此木台及陈设上就有五百九十条龙，两侧六根金色立柱是盘龙的，座顶藻井正中是条巨大蟠龙浮雕，口衔宝珠；井口四周十六条金龙陪衬点缀；殿内顶棚全是金龙图案，三千九百零九条流光溢彩的龙，使此殿显得金碧辉煌。大殿前后四十扇大门，每扇有木刻雕龙五条，门与窗户上还有鎏金铜叶龙，一共三千五百零四条，整座太和殿简直是一个龙的世界。

"千"与"万"的文化内涵就是这么丰富！